U0160128

职场穿搭攻略（女士版）

张雅菲 编著

中国华侨出版社
·北京·

图书在版编目（CIP）数据

职场穿搭攻略：女士版 / 张雅菲编著.—北京：中国华侨出版社,2020.10
ISBN 978-7-5113-8245-0

Ⅰ.①职… Ⅱ.①张… Ⅲ.①女性—服装—搭配—通俗读物 Ⅳ.①TS973.4-49

中国版本图书馆CIP数据核字（2020）第123604号

职场穿搭攻略：女士版

编　　著/	张雅菲
责任编辑/	高文喆
责任校对/	孙　丽
封面设计/	盟诺文化
经　　销/	新华书店
开　　本/	170毫米×240毫米　1/16　印张/10　字数/137千字
印　　刷/	北京金康利印刷有限公司
版　　次/	2020年10月第1版　2020年10月第1次印刷
书　　号/	ISBN 978-7-5113-8245-0
定　　价/	69.00元

中国华侨出版社　北京市朝阳区西坝河东里 77 号楼底商 5 号　邮编：100028
法律顾问：陈鹰律师事务所
编辑部：（010）64443056　　64443979
发行部：（010）88189192
网址：www.oveaschin.com　　E-mail：oveaschin@sina.com

如发现印装质量问题，影响阅读，请与印刷厂联系调换

作为一名从业 16 年的形象顾问，一直想写一本"不正经"的时尚读物，故而有了此书。

书正不正经不知道，但作者本人及写作态度都特别的正经，不信您就品品看。

每年，至少有上万吨的旧衣，从各大城市女性的衣柜中流出。乍一听，你可能吓一跳。但事实是——你和我，其实都是垃圾制造者。在某种程度上，我们都是伤害地球妈妈的人。

服装业所造成的碳排放是全球碳排放总量的十分之一，同时也是第二大费水行业，对环境造成的破坏难以估量。所以，你在置装费上每一笔的消费，都与地球上的环境生态息息相关。

仔细回忆一下，你那些没穿几次就不喜欢的衣服，还有那些上镜率不高、搭配选择也不多的衣服，是不是还闲置在你的衣橱里？再回忆一下，曾经那些让你在"双十一"的深夜，费了好大劲才剁手抢到的衣服，是不是到家试穿后，就让你后悔了？纵使你不断地买买买，却依然难以快速随意地从衣橱中拿出一套搭配得体的服饰？

你思考过吗？是什么原因造成的？

你看某流行推荐，也效仿着买了一条裙子，到手后发现自己并不能驾驭那种图案和颜色，而且领型也让你的脸部看起来非常不和谐。于是，你又不死心地买了双鞋来配它。最后的结果是：鞋买得非常成功，但裙子和脸都显多余。

你又看到人家都流行穿阔腿裤，高腰的那种，以及A字短裙，显得特可爱。据说这两款特别显瘦、显高、显腿长呢！于是，你又跟风下单买了一条阔腿裤。Nice，配合你圆润的小短粗腿，看起来更有力了呢！再试试小A字裙，哇哦，好有童趣哦，活像那伞下的龙猫呢，可爱死了……

此刻，你想起鲁迅先生曾说过，"真正的勇士要敢于面对惨淡的人生"，然后，你告诉自己"不怕，只是买得少罢了。"

或许你就是这样，在不断买啊买啊、扔啊扔啊的日子中徘徊。虽然看起来自得其乐，但你有没有算过你在这些衣物上浪费了多少票子？算算吧，结果一定让你意想不到。

本来，你可以用这一年允许的置装费，买几条做工上乘又合体的裙子和裤子，再来两双舒适、百搭又好看的鞋子，或许还能买个经典低奢的包包。

上面这些东西，可以让你在重要的商务和社交场合中干练精致、优雅自如、颇有风范。但由于你一年"马不停蹄"地瞎买，当重要的日子出现时，你只能临时抱佛脚，浑身散发着 9.90 元包邮的气息，让你在这些可能是你人生至关重要的场合中，尴尬不已。

所以，请相信我，流行这件事，永远比你剁手的速度快。

往往当你还在四处关注本季流行的时候，这波流行已经结束了。你看那些快时尚品牌就能知道到底什么叫流行时尚——越短命越时尚。在 15 天到 20 天的时间里就会更新一批新款，如果不是目前的物流限制了发展，估计你点个外卖的工夫，货品又更新了。

买买买，虽然是一些女人的天性。但，是不是可以用辛苦挣来的钞票，换取些实用、百搭且精致的单品以及更能给你的身份、品位及内涵加分的衣物呢？

所以，钢铁直男总是不能理解，女生为什么总觉得衣柜永远缺一件衣服，包包总是下一个更好，口红总是缺一个色号……

别问，问就爆炸。我们买的是衣服和口红吗？不，我们买的是虚荣和压力舒缓剂。

那难道就不赶时髦了吗？不追求流行时尚了吗？不，并不是。

作为一名形象顾问，我只是想鼓励你在找到完全适合自己的风格之前，先建立起一个实用性强、不会受流行影响的穿衣模块。在你繁忙无暇的时候，打开衣柜，随手就能组合出一套得体优雅的服饰来应对职场中的每一个瞬间，毕竟，你也是有尊严和品格的。

虽流行易逝，而风格隽永。纵观服装历史的长河，无论哪个时代，真正能留下并且让人推崇、记住和回味的，唯有经典。你看看每年每季的各大时装周，不也在反复地炒作经典吗？所以，只有属于你自己的风格，才永远是适合你的流行时尚。

虽然没有什么必须遵守的穿衣及购物规则，但是，如果有更合理、更能优化你现在衣品的方式，你要不要试一试？

我会在这本书里，以现代职场为应用场景，帮你梳理并建立属于你自己的穿衣攻略。这套攻略会分为身材弥补、色彩选择、单品搭配、衣橱整理及搭配模板五个模块。你会通过这五个模块，循序渐进地找出穿衣搭配的门道。当你通过这些模块找出了自身的优点，并真正地学会扬长避短，懂得与自己的内在和外在和谐相处的时候，恭喜你，你可以为自己的风格代言了。

这五个模块，各成一体，你可以从你需要的任何一个篇章开始阅读。

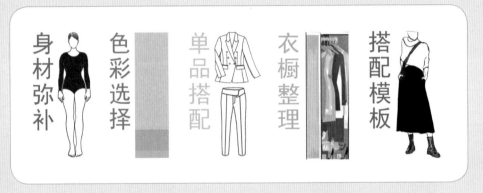

目 录 Contents

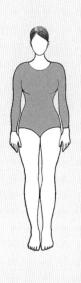

第一个模块：身材弥补——重新认识你自己

很多人都想在穿着上与众不同，所以时常消耗大量时间和金钱在形象上，不断地进行尝试，但结果往往差强人意。又或者收集了很多方法，看了很多达人博主买家秀式的教程，但依然无处下手。而"张冠李戴"，是大多数女性在穿衣搭配这件事上最容易走入的误区。

为什么你的折腾总是回报率很低？而导致这一结果的原因是什么呢？

根本原因是你并不了解你自己，也并未学会让自己的身体同服装和谐共处。

要想拥有得体而美好的形象，我们需要对自己有一个很清楚的认知。而改变形象的第一步，并不是急着购物，也不是四处去采集那些所谓的变美教程。而是应该先好好地认识你自己，了解你自己，因为你的喜好并不等于适合。

也许你一直渴望某星那迷人又会说话的大眼睛，这让你对自己细小又浮肿的双眼倍感失望，也因此忽视了自己那立体又时尚的脸部线条；也许你特别羡慕隔壁村大表姐脖子以下全是腿，因而在只关注自己粗壮的大腿时，却忽视了你那纤细又好看的脚踝。其实一双细带鞋搭配飘逸长裙，会让夏日里的你看起来迷人极了。

也许这些，你从来都没有留意到。

每一个女孩，无论她是什么样子，在我眼里都如瑰宝般迷人。这不是商业吹捧，是因为职业生涯的强制化训练，会让我不由自主地在第一时间去寻找你全身最美好和最迷人的地方。而你也可以，找出自己身上最美好的地方，让它们成为你自信的动力，在每一次晨起时对着镜子告诉自己——你就是最完美的。

基因，决定了每个人的初始设置，而后天的生活环境、教育程度、地域特色及社会因素，决定了你的 BUFF 属性。所以，穿衣搭配这件事从来都是在寻找你自己与衣服之间的平衡和共鸣，从属关系一直都是非常明确的一件事，那就是——你才是最重要的，一切的外在都只是为你服务。你花票子氪金是让它们来提升你的战斗力和颜值的，所以价钱、品牌、流行，都是次要因素，直到你能找到你与服饰之间的平衡点，你的搭配才可能会是得体而美好的。

而你与衣服之间的平衡点，又受许多因素的影响，最重要的四点是：轮廓（包含内外线条、直曲及混合）、量感、比例与色彩，我们可以把这四点统称为"型"。所以，在找到改变你形象的模式之前，你先要清楚自身从整体到局部各处独属于你的"型"特征，并很清楚自己的美好之处和需要修饰的地方。

我们来看下面这张图：如果把人体的"型"特征放在一张象限表里，不同"型"特征的人会出现在不同的区域中，而这个所属区域就是你穿搭的标准。你可以在个人"型"特征所属的区域内往外扩张去尝试，但你的身型和独特气质决定了你没办法去逆向穿搭。

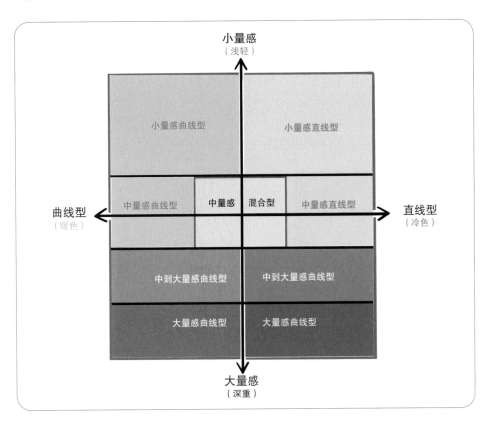

比如一个内外线条完全呈现曲线型特征的人，去尝试具有极度硬朗线条风格的穿搭，会让她看起来不那么美观和舒服。又比如一个身材高大体型也偏胖的人，却总是穿着紧身的小脚裤，这不仅会暴露她的不足，更会让她看起来非常没有质感。所以，依据你的个人"型"特征，在所属表格区域内去穿搭，是可以优化你自身形象的一个保证。而在色彩这方面，第二章的色彩部分会有详细的讲解，虽然对应型的色彩，在应用上没有什么绝对的标准，但相对而言，曲线型人应用暖色会更漂亮，直线型人应用冷色会更有质感。

（一）认识身体的"型"特征
——身体内外轮廓线条的直曲、量感、比例

我们可以把身体和服装都看成由不同的立体几何图形所构成的。不同的组合决定了不同的内外轮廓线，有直曲线条亦有混合线条，这些轮廓线就是我们服饰穿搭的修饰基础。而量感、比例和色彩决定着我们能否穿出质感与品位。

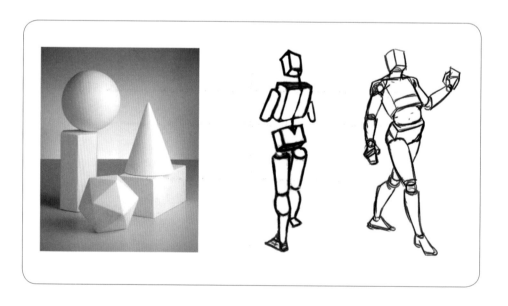

人体骨骼的轮廓线（包含身体、面部和五官）分为外轮廓线和内轮廓线，而轮廓线又分为直线型、曲线型和混合型三种，了解这点非常重要，因为它决定了你和服装之间的匹配度。

其实，服装是你身体线条的延伸。要想穿得更好看，你就必须通过了解自身的轮廓线条，来与服装进行一场和谐的互动，平衡你与服装之间的关系，利用服装来帮你完成形象上的优化。而量感、比例和直曲是你进行身材弥补与调整风格的依据，掌握了自身的这三大要素，也就掌握了你优化身形和塑造风格的钥匙。

如果你有着明显的腰部曲线，那最适合你的单品应该是任何有着腰线特征的服装，这会让你的优势更加凸显，让你更具女人味，并且会弱化你的不足之处，因为视觉焦点被转移了。这是正向的一个例子，找到你身材的优点，并让服装作为延伸线条来帮你强化优势，是你所选服装本身应该具备的基本功能。

如果你身材圆润肥胖，遇到这种情况时，大多数人都会选择长款、肥大款和沉重的色彩来进行所谓的显瘦修饰。但我告诉你，这样穿，只会加重你肥圆的形象，令你看起来更沉重！而正确的解决方法是：整体往 H 型轮廓的方向塑造，应该通过服饰和色彩来实现一种向上延伸的挺拔感，从而达到显瘦的目的。比如可以选择一些适合你的明亮色，或具有色彩感的短款上衣，或者是带有与你量感匹配的印花衬衫，再搭配合体的直筒长裤，或露出小腿的半裙，这会让你看起来不仅瘦了许多，且更具精致感。当然，不要妄想一个 180 斤的胖子仅仅通过穿衣搭配就能变成 100 斤的样子，这种情况，我建议打开美颜滤镜或者直接去健身房。

而这个例子就是通过身体线条进行反向弥补的案例，当身体线条不那么美好的时候，我们同样可以通过服装的线条来进行重新塑造，打破原有的不完美，进行视觉上的视错调整，用弥补的方式来帮你延伸出更好的身体线条。

到底是在哪里骑车？

有趣的视错

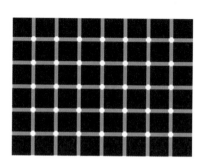

点是消失了吗？

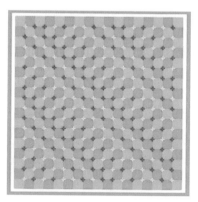

图案在流动吗？

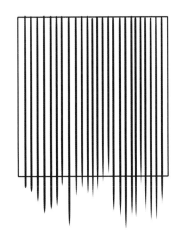 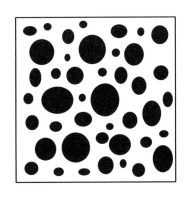

哪种图案更显瘦？

1. 找出你的外轮廓线条

人体的外轮廓线条即你的身型。影响人体轮廓线条的三个关键部位是肩、腰、臀，而且服装轮廓和设计上的种种变化也是围绕这三个重点部位而进行变化的，不同的是多了领型和下摆的位置。

很多人在网络上或者在固有的知识储备里，对于身型了解最多的信息，往往是习惯于把服装和人体比喻成水果：什么梨型身材、苹果型身材等。其实这并不是一种专业的区分方法，而且很容易搞混淆，并且难以用这种带入方法进行穿搭调整。

从视觉美学和专业的角度看，当你对身材进行调整的时候，可以把人体外轮廓线归纳为字母。这种方式，既具线条感又在国际上通用，也方便理解。所以我们可以把人体的轮廓外形分为：X 型、H 型、T 型、A 型和 O 型。如果你觉得这样也很难区分的话，可以用最直接的方式，把身体线条分为最直接的三种：直线型、曲线型和混合型。

标准型

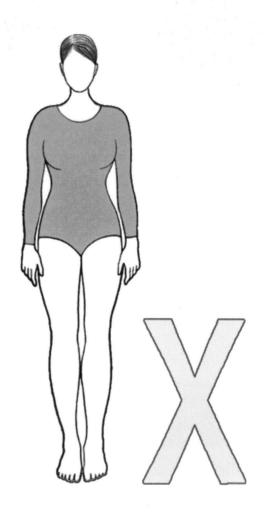

肩臀宽度接近，腰身纤细

调整型

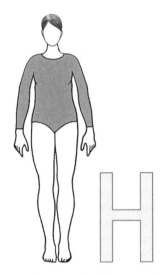

肩臀大约相等

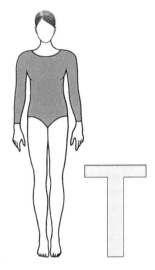

肩宽大于臀宽

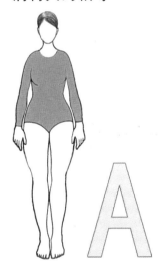

肩宽小于臀宽

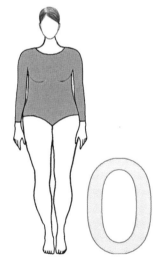

三围丰满、腹部突出，

腰臀大于肩宽或相等

X型：肩部与臀部宽度接近。肩、腰、臀线条圆润，腰部曲线明显，侧面看身体有着非常明显的S型曲线。腰身纤细，是接近完美型的身材。

调整方法：无须特殊调整，任何风格、线条单品都可尝试。收腰款式优先。

收腰款式

H型：肩宽、臀宽、腰宽大约相等，身体外轮廓线条平直，整体看起来好像"上下一边粗"，没有明显的腰线弧度，即使很瘦，整体外轮廓也是呈现直上直下的印象。对女性来讲，可能缺乏柔美感，但在当代的服饰流行中，H型身材其实是具有现代时尚感的体型，只要稍加变化就可以得到不同的风格效果。

调整方法：把曲线元素都放在上身，尽量回避过于肥大的上装，高腰线的下装是不错的选择。

曲线设计感上装

高腰线半裙

弱化肩线

收腰放摆

高腰线阔腿裤

T 型：肩部宽度大于臀部，腰、臀曲线不明显。有上宽下窄的视觉印象。

调整方法：修饰的重点是调整胯部、臀部和肩部的比例。需要穿能弱化肩宽的单品，上装尽量回避肩部有装饰物的单品，下装可选择 A 字形和有蓬松感的裙子或阔腿裤等来平衡与上半身的比例。

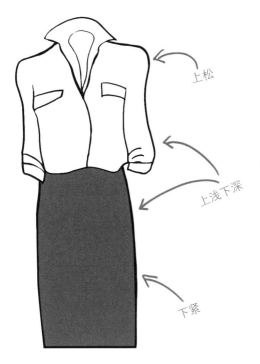

上松

上浅下深

下紧

A 型：肩宽小于腰部、臀部的宽度，通常有溜肩的现象。上半身窄于下半身，有上窄下宽的视觉印象。

调整方法：适合"上松下紧"和"上浅下深"的搭配方式。上装可穿有斜条纹的图案来扩大肩部的视觉感受，下装尽量选择合体的裤子或裙子，避免凸显宽大的臀部。

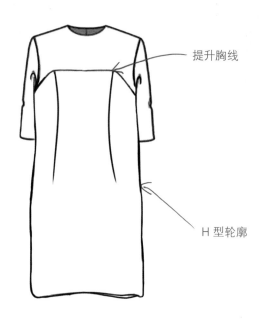

提升胸线

H 型轮廓

　　O 型：腹部圆润凸起，肩、腰、臀线条圆润，腰宽大于肩宽和臀宽。属于肥胖型身材。

　　调整方法：整体往 H 型轮廓方向调整，通过线条、色彩等视错方法来提升挺拔感。可通过穿有胸位线的、高腰线的单品来修饰过于突出的腹部。如果腿部纤细，可穿能体现腿部优点的单品来转移关注点。

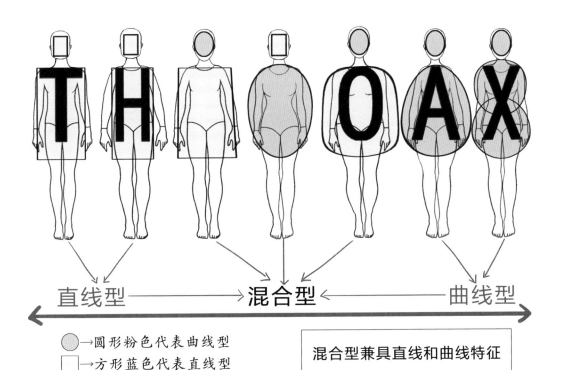

直线型 → 混合型 ← 曲线型

●→圆形粉色代表曲线型
□→方形蓝色代表直线型

混合型兼具直线和曲线特征

　　直线型：T型、H型身材都属于这个分类，这类型身材没有明显的腰、胸曲线，尽管这类型身材里的某些人整体很瘦。

　　曲线型：X型、A型身材居多。曲线型和混合型的人其实很容易搞混，并不是有腰有胸就是曲线型，要看整体倾向。有些混合型人虽然胸腰差比较大，但多半肩部平直、挺括；而曲线型身材的人，一定是有着圆润的肩部线条，或者是溜肩。

　　混合型：混合型身材兼具直曲特征，偏胖人群中的O型身材者多数都为混合型。混合型人身材或许在女性特征上着有明显的曲线，如胸大腰细。但相对臀部的曲线一定不是特别明显，或者脸部是方型轮廓，且整体来看还是比较接近H型身材。只是某个局部有着圆润的线条而已。

在辨别体型时，很重要的一点是一定要看整体，千万不要被某个局部的线条所影响。可以理解为：你的外轮廓线条犹如全黑的剪影，而找出肩、腰、臀之间的比例关系才是正确的辨别方法。

通过上面的分类介绍，希望你已通过真空状态在穿衣镜前，找到了自己的所属体型。这点很重要！轮廓线条，不仅影响着穿搭、身材弥补、单品的购买与选择，更重要的是，这些是让你掌握美好穿搭的基础常识。

2. 找出你的内轮廓线条

如果说外轮廓线决定着你服饰穿搭的基础，那内轮廓线决定的是你服饰的风格和特色，而内轮廓线条指的是你脸形与五官的线条。

从人体形象设计学来划分，内轮廓线条和外轮廓线条一样可以分为直线型、曲线型和混合型三种。但严谨地讲，每个人从整体来看，其实都是趋于混合型的，你可能有着 H 型硬朗的轮廓外形，却有着标准的椭圆形脸和温柔的眼神、圆圆的眼形和小巧弧线形的鼻子和嘴巴。而这种不同的混合组合，是你在穿搭上所能拓展到极致的边界。

比如一位身材外轮廓曲线型 X 型身材的女士，面部内轮廓线条圆润柔和，会给人一种温柔浪漫的印象，那最适合她的应该是带着曲线型线条感的服饰。她可以尝试简洁利落直线型的外套，可以尝试清爽利落的短发，但在细节装饰上，一定不要少了一些具有曲线型女人味的配饰作为点缀。这是属于她的服饰边界，但能让她惊艳全场的装束，一定是一条带有荷叶边装饰的，或者曲线型设计的摇曳长裙以及一头大波浪。所以，**穿搭与服饰弥补是一件先整体、再局部的事。**

内轮廓线条的直曲与混合：

直线型：通常有着硬朗锋利的下颌骨、平直的眉形、坚定的眼神。直线型人所传递出的关键词有：大气的、硬朗的、简洁的、干练的、中性的、成熟的、或年轻帅气的。

曲线型：通常下颌线条过度柔和，眉毛弯曲，鼻翼和嘴唇都呈现圆润的弧形。眼神柔和动人。曲线型人所传递出的关键词有：温柔浪漫的、女性化的、柔软的、可爱的、成熟华丽的，或年轻少女感的。

混合型：通常内轮廓混合型线条的人群，给人的感觉稳重、踏实，有一定距离感；且五官端正、三庭五眼的比例标准，整体有一种古典、严谨的印象。

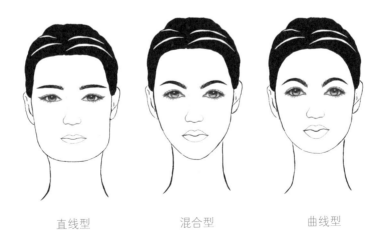

直线型　　　　　混合型　　　　　曲线型

3. 找出你的量感

轮廓说的是人体骨骼轮廓的内外线条的直曲或混合的形态，而量感说的是人体骨骼的量感、骨架大小、身高、体重以及存在感。

如何理解自身量感以及量感和服饰之间的关系呢？比如你身材高大，身高超过一米七，骨架也很大，那在选择正装裙子的时候，及膝和过膝的长度，对你来说就是一个适合你的量感标准。而那些超短款的裙子和短裤，虽然会夸大你的腿部长度，但会让你看起来非常廉价且缺乏美感。

又比如一个身高不足一米六、瘦瘦小小、骨架纤细的人，如果穿着拖地长裙，踩着恨天高的鞋子，会让她看起来极为不协调和拖沓，毫无美感可言。而适合她的量感，就应该是膝上长度的裙子以及短款上衣外套等。所以量感的作用是帮你找到自身服饰的合体度与舒适度。

那如何确定自身的量感大小呢？这里，我们按亚洲人的平均数值，以身高为例，女性 160cm 以下的属于小量感人群，160 ~ 168cm，大概 165cm 左右属于中量感人群，而 168cm 以上都属于大量感人群。如果是身高符合量感要求，但是体重过大，比如明显超过该身高平均体重范围，在归类时要按大半号处理。如身高 160cm 左右，但是体重超过 60 ~ 70 公斤的人群，量感就要按小到中量感算，以此类推。

骨架大小、身高和体重是可以直观看出来的特征，而存在感就相对抽象一些。你有没有见过一种人，明明身高不高，但某一五官偏大且眼神犀利，即是在人群中，也会被你一眼就看到，属于传说中拥有二米八气场且自带 C 位的类型。这种人总是有着无法被忽视的印象，这种印象并不是长相带来的，而是自身综合量感和气质所共同带来的。

量感中的存在感这个特质涉及专属个人风格分类的内容，在本书中我就不多赘述了。你只需记住，在综合个人骨架大小、身高和体重的同时，如果这个人存在感也很强，那也应按大半号来归类。

身体量感和轮廓线条一样重要，因为它们是你在选择单品时，首先要考虑的问题。而你选择的服装，一定是能在满足你场合需求的同时，更能体现你的品位与内涵。并且当你穿着与自身合体、完美且舒适的尺码时，那种自在的满足及安全感，会成为让你更加精致与自信的动力源泉。

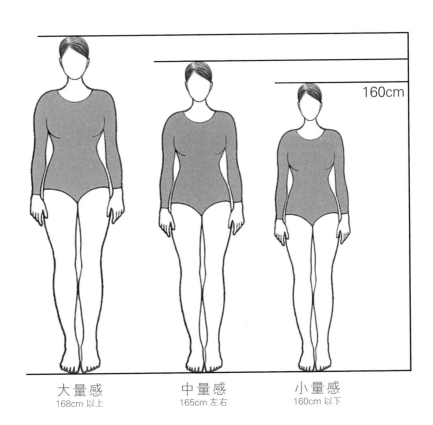

大量感
168cm 以上

中量感
165cm 左右

小量感
160cm 以下

4.找出你的身体比例——身体各部位的比例标准

美感从何而生？各花入各眼。但从美学角度来讲，只要具备黄金比例的条件，就会自然产生一种美感，这是前人总结出的科学规律，也是我们从大自然中，以及古代那些雄伟建筑中直接感受到的一种规律。而要想让你的服饰穿搭更具美感，就要先搞清楚自身各部位的比例情况。

（1）上、下半身比

众所周知的黄金比例，很好地解释了事物各部分间所存在的数学比例关系，即将整体一分为二，较大部分与较小部分之比等于整体与较大部分之比，其比值约为 1∶0.618，即长段为全段的 0.618。而 0.618 被公认为是最具有美感意义的比例数字。

因此你的身材比例与标准之间的差距，可以通过公式快速得到，那就是：

上、下半身的标准比例：肚脐到脚底的距离 / 头顶到脚底的距离 = 0.618，即下半身长度除以总身高。

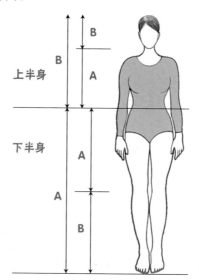

人体黄金比例 A/(A + B) = 0.618/1

PS:肚脐是上下半身的分界线

亚洲人身材很少有等于 0.618 这个黄金比例的，但只要是能达到 0.6，说明你的身材比例相对良好，而低于 0.6 的，说明你下半身短而上身长，高于 0.6 的则相反。这个数值是你调整服装腰线的一个依据。并且可以根据它来进行单品与身材之间的匹配，如服装长度以及鞋跟的高度。

（2）头身示数

学过素描的人可能对"头身示数"这个词并不陌生，它指的是在绘画人体时，以一个头长为单位，用头长的个数来表示身高。而头长指的是从头顶到下巴的距离。我们常说模特的"九头身"就是用这个比例方式来进行描述的。这个也是国际通用的方法。但因为人种的不同，这个头长比也有所差异，白种人标准的比例一般在 8 到 7.5，黄种人的标准一般在 7.5 到 6.5。有时候我们看一些男明星穿什么都好像怪怪的，并且总是显得腿特别短，最大的一个原因就是头身数太少。相对地，如果你的头身数 ≥ 6.5，那你的先天条件就很好。这个头长比的计算公式是：身高 / 头长，就可以得出你头身的个数。比如

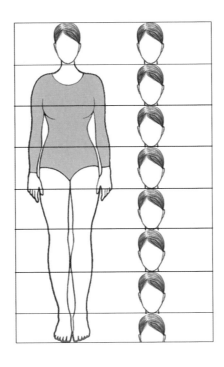

身高 166cm，头长是 22cm，得到的结果是 7.54，四舍五入后就是 7.5 个头身，说明这人身材比例非常之好。

掌握和了解自身量感与比例的状态，会让你在选择单品的时候非常从容，因为量感与比例涉及你所穿服装的合体度、舒适度以及视觉美感。

以上我们初步地了解和认识了身体的"型"特征，请在下面这几张图表中找到与你相近的"型"特征，并且记下来，这将是你以后剁手时首要参考的指标，因为会大幅度地降低你错误的购买率，并且为你节约宝贵的时间和精力，从而优化你穿搭的品位及审美。

找出你的廓型特征			
外轮廓线	X、H、T、A、O		
内轮廓线	直线型	曲线型	混合型	
量　　感	大量感	中到大量感	中量感	小量感
直曲特征	直线型	曲线型	混合型	

找出你的比例特征			
	比例偏大	比例均衡	比例偏小
上、下半身比	>0.618	=0.618	<0.618
头身数	7.5 ~ 7	7 ~ 6.5	6 ~ 5.5

你的身型特征	
轮　廓　型	
直曲倾向	
量　　感	
比　　例	

（二）认识服装的"型"特征

1. 服装的轮廓线条

（1）服装的外轮廓线条

服装的外轮廓又被称为"廓型"，其分类相对比较复杂，各家有各家的叫法，分类也很多，但无论如何描述，从服装设计本身，这些变化的依据都离不开肩、腰、臀、下摆这几大块，所以如果按照字母来区分的话，服装的外轮廓可分为：X 型、H 型、T 型、A 型和 O 型。

腰部收紧
肩与下摆宽度接近

X 型：通过夸张肩部和衣裙下摆，同时收紧腰部，使整体外形显得上下部分夸大，中间窄小类似 X 型字母的造型。X 型与女性身体的优美曲线相吻合，是一种可以充分体现女性魅力的廓型。

H 型外形
肩与下摆同宽

H 型：又被称为矩形，是一种平直廓型。整体弱化了肩、腰、臀之间的宽度差异，外轮廓与矩形相似，有挺括简洁的印象。

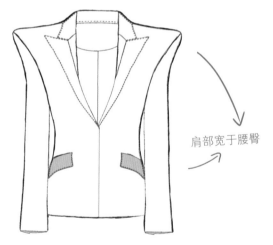

肩部宽于腰臀

T 型：又被称为倒梯形。T 型与 V 型、Y 型很相似，都是属于肩宽大于腰臀的类型。（因为 V 型和 Y 型在日常生活中应用的款式很少，所以在本书中仅以 T 型为例。）外轮廓造型较宽松，通常为连体袖或插肩设计，通过夸张肩部，收紧下身比例，从上至下让空间减少。这是职业女装中常用的廓型。

上收下放
上窄下宽

A 型：又被称为三角形。是一种适度上窄下宽的廓型。通过收缩肩部、夸大裙摆而造成一种上窄下宽的印象。

肩部呈弧线形

整体轮廓接近圆形

O 型：又被称为茧型。整体外轮廓类似 O 形或椭圆形。其肩部、腰部造型没有明显的棱角，特别是腰部线条松弛不收腰。整体有休闲舒适的印象。

（2）服装的内轮廓线条

服装的内轮廓线包含服装的所有细节。如，领型、袖子、省道线、装饰线、扣子、兜及图案。这些内轮廓线条影响着服装的直曲与风格。

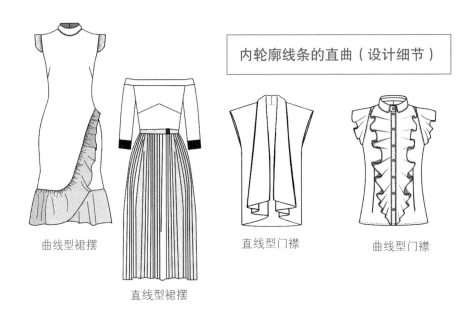

内轮廓线条的直曲（设计细节）

曲线型裙摆　　直线型门襟　　曲线型门襟

直线型裙摆

曲线型领子　　直线型领子

深入了解以上这些关于身体的轮廓线条和服装的轮廓线条，对后面进行实际穿搭有着关键性的意义。

2. 服装的量感和比例

同人体有量感、比例之分一样，服装也具备基本的量感和比例要素。通过变换搭配和调整不同的量感和比例，就可以达到完美修饰身材及体现个性风格的目的。

（1）量感

如何区分服装之间的量感差异化呢？最好的方法就是对比。当你在鉴别服装单品之间的量感大小时，可参考两个方面的对比：长短与肥瘦。

量感在长短方面对比时的情况有：长裙的量感＞短裙；长裤的量感＞短裤

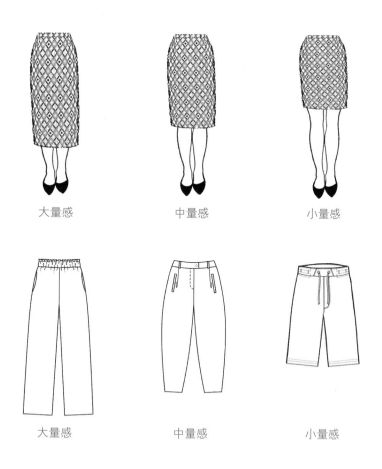

大量感　　　　　中量感　　　　　小量感

大量感　　　　　中量感　　　　　小量感

量感在肥瘦方面对比时的情况有：相同长度的裙子，A 字型裙大于直筒裙；相同长度的裤子，阔腿裤＞直筒裤＞小脚裤；相同长度的袖子，灯笼袖＞普通直筒袖；相同长度的大衣，O 型轮廓大衣＞H 型轮廓大衣。这些是肥瘦之间不同量感的对比。

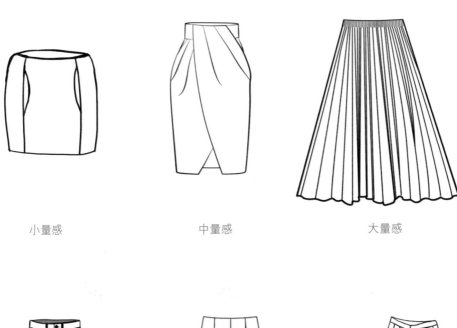

小量感　　　　　　　　中量感　　　　　　　　　大量感

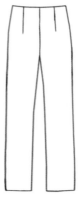

小量感　　　　　　　　中量感　　　　　　　　　大量感

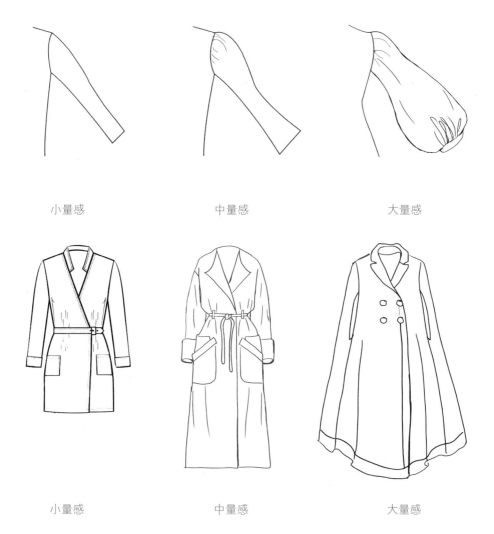

小量感　　　　　　中量感　　　　　　大量感

小量感　　　　　　中量感　　　　　　大量感

（2）比例

服装上比例的变化会影响服装的风格。

通常服装的各部位比例一定都是均衡协调的，因此当通过优化搭配之后，最直接呈现的风格，一定是得体、优雅或简洁干练的。而夸张化的服装比例，呈现出的风格多半是一种戏剧化的面貌。现在很多人喜欢个性另类的，说实话，我无法确定你是不是"这条街最靓的仔"，但我确定你的老板一定没有勇气把重要的工作托付给你。虽然你认为自己在气质这块，一直拿得死死的……

从服装风格来看，整体具备夸张比例的服装，都属于戏剧化风格的一面。你可以选择服装中某个部位、图案或者细节，用夸张比例的方法来进行身材修饰，这是绝对没有问题的。但如果从头夸张到脚，那你就需要冷静一下，因为我希望让你意识到：职场氛围其实是一种变相的社交活动，你对自身形象的态度和品位是你个人最直接的名片，你是自己品牌的代言人。是通过形象来为你争取更多的机会和人缘，还是"佛系"态度碌碌无为，决定权都在你。而在成人世界中的职场情景和高级社交场合，"戏剧化"这个词从来都不是褒义。当然，如果你是专职玩 cosplay 的，请扮一个"不知火"给我看看，在下喜欢得不得了。

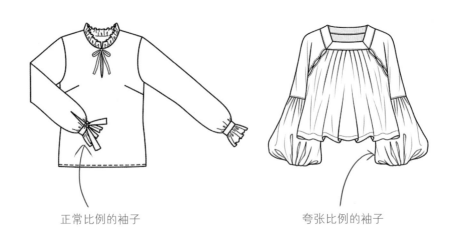

正常比例的袖子　　　　　　　　　　　夸张比例的袖子

3. 服装的直曲

服装上的直曲所影响的是人穿着后的年龄感。

每一件服装的诞生，都是靠品牌的推动和设计师的设计来共同孵化完成的。虽然在当代的时装设计中，设计已经不是核心要素，但设计的根本还是围绕人体来进行的。所以每一件服装是否能成为"爆款"除了品牌推动，还有一个重要的因素就是设计细节。

直线型所代表的是现代的、年轻化的、利落的和中性的，曲线型更多代表的是柔美浪漫的和成熟感的。

相同的一条裙子，如 H 型轮廓的直筒连衣裙，无论怎样搭配，给人的感觉都会是一种偏向利落、简约和干练的印象。而 X 型轮廓的鱼尾裙，所呈现的却是一种明显具有女性特征、柔美浪漫和成熟的印象。当一个不具备曲线特征的人穿着这条裙子的时候，你会觉得有种说不出的违和感。再比如烫发，很多女孩子都有烫发失败的经历，抛开 TONY 老师的技术因素，大部分原因是纹理的直曲和你面部的直曲不匹配，所以才会有显老、不好看的效果。而一个曲线型人烫一个大波浪不仅会非常好看、浪漫，并且不会增加年龄感。

还有一种类型的服饰从整体到细节所呈现的是一种无法分类的混合感，而这种具有模糊印象的单品，只有两种搭配效果：要么适合所有人，要么是一件失败的设计。本书所涉及的搭配概念，是希望你能通过本书学到的所有关于自身和服装方面的理论知识，找到适合你身体线条的、具有明显直曲倾向的基本单品，因为设计越简单，搭配的效果越多，且越实用。

直线型　　　　　　　混合型　　　　　　　曲线型

（1）服装上的直线：

廓型：H 型、T 型

领型：戗驳头、平驳头、衬衫领、立领、西服领

下摆：H 型、A 字型

内轮廓线条的装饰细节：直线滚边、直线门襟等

面料：牛仔类、棉质类、麻型织物类、粗毛呢、皮革、灯芯绒等

挺括面料

直线型设计

直线门襟

西服领

H 型轮廓

百褶下摆

V 领

（2）服装上的曲线：

廓型：X 型、O 型（茧型）

领型：荷叶领、圆领

下摆：鱼尾型、荷叶型

内轮廓线条的装饰细节：曲线线条、花边、滚边、公主线等

面料：蕾丝类、羊毛、羊绒类、真丝、雪纺、丝型织物、皮草类、

法兰绒、针织类、长毛绒、一切表面具有明显柔软特征的面料等

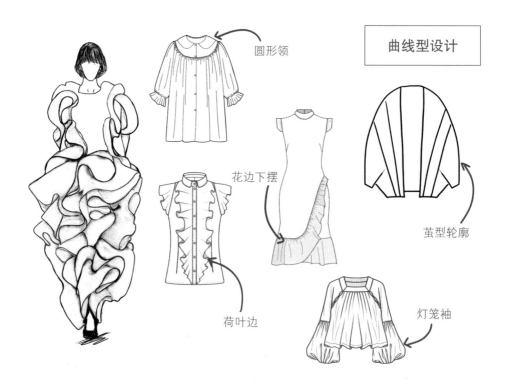

圆形领

曲线型设计

花边下摆

荷叶边

茧型轮廓

灯笼袖

（3）服装上的混合型（中间型）：

> 领型：青果领、直曲中间的领型
>
> 好的混合型设计，会更偏向中性化，款式不大挑人。而失败的混合型设计，无论怎么穿搭，都会很难看。

4. 作用于身材弥补里的色彩与点、线、面

颜色很神奇，它具有一种"魔术效应"，因此色彩心理学是美学里的必修课。通过色彩的多元属性，来进行人为的塑造，以产生想要的视觉效果，这就是色彩的神奇之处。而构成物体的元素——点、线、面所制造出的视错效应，与色彩有着异曲同工之处。身材弥补，正是利用这一点。

运用点线面进行调整后的

单纯用深色和浅色无调整的

（1）色彩的基础属性

色彩其实是依托光来呈现的，是一种光学现象。我们所熟知的红、黄、蓝、绿其实是一种电磁波，因为波长的不同，而形成不同的色彩。当这种电磁波通过视网膜传达到大脑的时候，大脑会把它变成一种信号输出，告诉我们，这是某种色彩。

所以，光是一切色彩的开始。

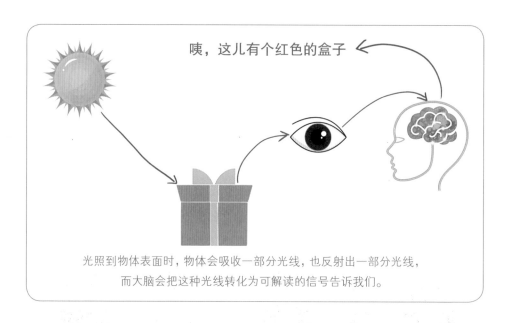

咦，这儿有个红色的盒子

光照到物体表面时，物体会吸收一部分光线，也反射出一部分光线，而大脑会把这种光线转化为可解读的信号告诉我们。

红色

黄色

蓝色

a）色彩属性有三：色相、明度和纯度

色相说的就是色彩的名字。比如我们说红、黄、蓝、绿其实跟喊张三、李四、王五是一个意思。就是一种称呼，以此来区别。而为了不搞混所有可见光的色彩，依据不同的色彩体系，会有不同的标识来代表色相、明度和纯度的数值。如国际上用色彩搭配的显色性代表 PCCS 系统，还有蒙赛尔系统，以及知名的潘通都有各自标注色彩数值的方法。通用数值的好处就是：你在某地的涂料市场上相中了一款颜色，只要记住色号，当回到本地的涂料市场，报上这个色号，你就可以得到一样的色彩。

明度说的就是颜色的深浅度。我们常说，"黑白分明""白纸黑字"，色彩意义上指的就是明度。明度最高的极致是白色，明度最暗的极致是黑色。但在光学角度上，并不存在绝对百分百的黑和白。而从白到黑之间，又过渡着不同深浅的灰色。这是黑色与白色互相混合而形成的。

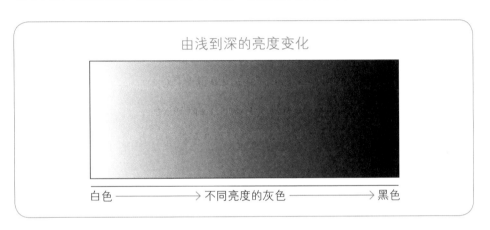

由浅到深的亮度变化

白色 ——————→ 不同亮度的灰色 ——————→ 黑色

灰色在色彩情感意义上也有着混沌、模糊等一些负面印象。这个从白到黑的过程其实很形象，所以有"灰色地带""灰色收入""五十度灰"等。

纯度说的是色彩的饱和度、鲜艳度、浓淡度。比如西红柿的颜色纯度就很高，而粉色的桃花就是在红色中加入大量的白色稀释出来的，这样由浓到浅或者由淡到浓的色彩变化，指的就是纯度的高低。从下图中可以看出，百分之百纯度的红色到稀释为百分之十纯度的浅粉色，这个过程就是纯度变化的过程。

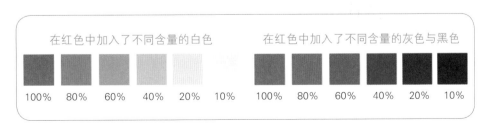

在红色中加入了不同含量的白色　　在红色中加入了不同含量的灰色与黑色

100%　80%　60%　40%　20%　10%　　100%　80%　60%　40%　20%　10%

纯度是有彩色才有的属性，黑白灰无彩色，只有明度和色相属性，而没有纯度属性。纯度的高低直接影响着色彩的情感和语言。比如大红色给你的感受是热烈的、成熟的；粉色给你的感受是可爱的、少女的。而这些色彩感受正是我们配色中所应用的。

b）对比色

对比色在色彩搭配里是非常重要的一种配色方式。只要涉及配色，就一定离不开对比关系，因为它是构成色彩效果的一种重要手段。

对比色是人的视觉感官所产生的一种生理现象，是视网膜对色彩的平衡作用。

对比色在色相环上有很多组，但只有其中180°相对的一组叫互补色，其余120°至180°都可以称为对比色。比如红色的互补色是色相环上180°相对应的绿色，而对比色则是从120°到180°之间的色彩都可以和红色成为对比关系，因此红和蓝、红和蓝绿、红和绿都属于对比色。

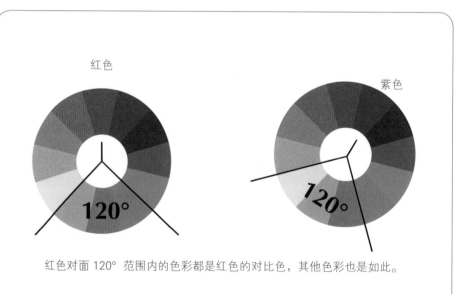

红色对面120°范围内的色彩都是红色的对比色，其他色彩也是如此。

我们都知道色彩的原色是红、黄、蓝。原色的意思是原有的色彩，它是无法通过其他色彩调配出来的。红、黄、蓝在一起两两混合，能得到新的一组色彩是橙、绿、紫，也称为二次间色。而这六块色彩，彼此成为对立又互补的关系，是色相环上的互补色，分别是：红和绿、橙和蓝、黄和紫，在前面我讲过互补色是彼此唯一，而对比色可以有至少两组，为了方便大家记住和使用，我在这里只写出服饰搭配中常用到的对比色：红和蓝、橙和绿、黄和蓝紫、蓝和橙黄。加上黑色和白色、黑色和黄色（是由两色之间的明度差、有彩色及无彩色之间所带来的对比效果），至此，你在日常生活中就有九组已知的对比色了，这在你日后的配色中非常重要，要记住哦。并且在后面色彩选择的模块中，我会着重给大家介绍一些实用的色彩配色方案。

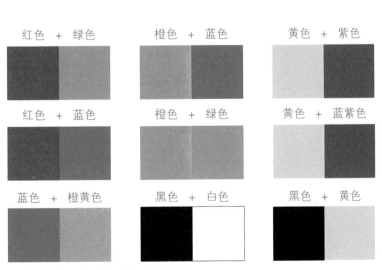

红色 + 绿色   橙色 + 蓝色   黄色 + 紫色

红色 + 蓝色   橙色 + 绿色   黄色 + 蓝紫色

蓝色 + 橙黄色   黑色 + 白色   黑色 + 黄色

这些是高纯度的对比组合，实际搭配中，
只要满足色相要求，就可以用来当作对比配色使用，
如：驼色系和藏蓝色或水洗蓝色。

c）色彩分类

色彩分为两大类：一种是无彩色，一种是有彩色。

从色彩理论上看，无彩色只有黑、白、灰三种，这是大众日常使用率最高的基础色。

但从服饰搭配的角度来讲，在黑、白、灰的基础之上，日常作为服装基础色而搭配使用的色彩还有两款，分别是由浅到深的驼色系及藏蓝色。因为这两款颜色纯度低，视觉上的色彩倾向比较弱，非常适合用来当大面积的基调色使用，因此也被视为衣橱里百搭的"中性色"，通常被当作基础色使用。

而像其他一些由流行炒作出来的基础色，诸如焦糖色、雾霾蓝、灰粉色等大量加黑加灰，低纯度高明度或低纯度低明度的色彩，还是比较因人而异的，像近几年流行的特别深的焦糖色，其实是比较挑人的，穿不好会有些显老。就色彩本身而言，焦糖色其实还是属于驼色系列里的色彩，只是加入了黑色，让本身温暖轻柔的驼色有了更加厚重暗沉的效果。如果是单品，诸如包、鞋之类的小件物品，我个人还是比较推荐的，但就服装色彩而言，并不百搭。

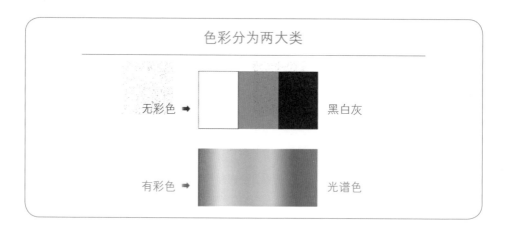

色彩分为两大类

无彩色 ➡ 　　　　　　　黑白灰

有彩色 ➡ 　　　　　　　光谱色

（2）色彩的多重效果

a）色彩的重量和体积感

相同面积的色彩，明度不同，重量也有所不同。明度变化影响着色彩的重量和体积感。相同款式的盒子，你就是会觉得黑色比白色重。很多一直喜欢利用黑色来进行"减肥"的人，往往会忽视这些黑色在帮她们"收缩"的同时，也"加重"了她们的体积感。

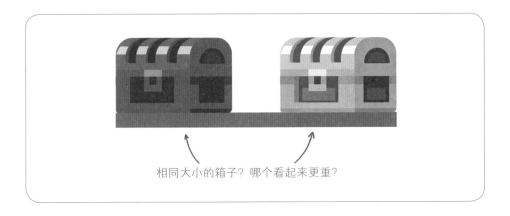

相同大小的箱子？哪个看起来更重？

b）色彩的膨胀与收缩

相同大小的物体，浅色和暖色会显得膨胀，深色和冷色会显得内缩。

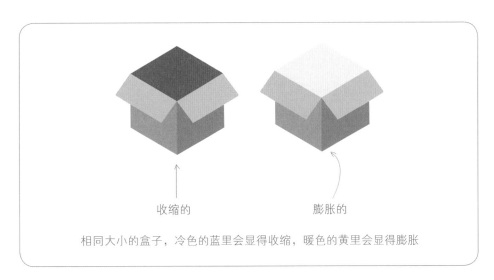

收缩的　　　　　　　　膨胀的

相同大小的盒子，冷色的蓝里会显得收缩，暖色的黄里会显得膨胀

c）色彩的软硬

色彩的软硬感不是靠触摸感知到的，而是靠色彩的明度、纯度变化来影响物体在视觉上的软硬感。当在一块高纯度色彩中加入适量的明亮灰色时，色彩会变得柔软，而混入黑色时会显得坚硬。

坚硬的　　　　　　　　　　　　　　　　柔软的

相同款式的沙发，会在色彩纯度、明度变化的影响下，变得坚硬或柔软

d）色彩的兴奋与沉静

纯度越高的色彩越具有动感、明快的印象，而深色加灰且纯度偏低的色彩会给人安稳、沉静的印象。暖色系中高纯度色可刺激交感神经，令血压升高，其结果会导致情绪紧张，富于攻击性。冷色系以及中到低纯度色，可刺激副交感神经和降低血压，令心绪沉稳进入恬静状态，所以淡粉色、米色等低纯度软色调具有松弛的作用。

暖色的红带来一种兴奋感　　　　　　　冷色的蓝白带来一种沉静感

e）色彩的华美与质朴

纯度越高的色彩给人的印象越强烈，极具华美印象。纯度越低的色彩给人的印象相对质朴无华。

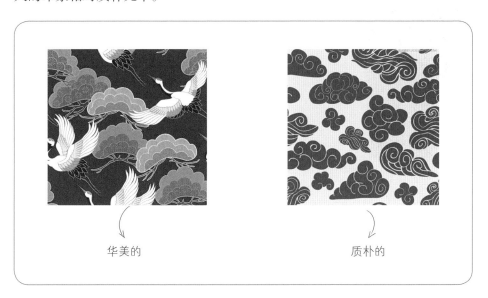

华美的　　　　　　　　　　　　质朴的

掌握以上这些关于色彩的基础知识，可以让你很好地利用色彩来进行视觉上的修饰。

（3）点、线、面在身材弥补中的作用

色彩对于每个人都有一定专属的应用区域，而这个区域或大或小，不是我决定的，是你自身基因决定的，你不服气也没办法，你的基因代码天生就注定了有一些色彩是你不擅长的。当你的色彩应用范围受局限的时候，点、线、面就可以很好地帮你完成色彩所不能完成的工作。

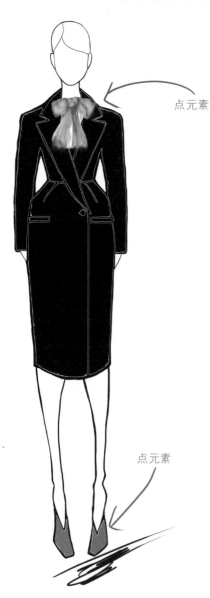

点元素

点元素

a）点

点是艺术元素的一种，当无数的点连在一起就形成了线。所以在穿搭中，点的作用可以理解为是一种视线引导。通过加入点的元素，会呈现出一种画龙点睛的作用。点在整体穿搭上最常用的有：丝巾、耳饰、眼镜、扣子、吊坠、胸针。用点来进行点缀搭配，是非常适合小个子显高的方法之一，把带有鲜艳色彩点元素放在上半身，可以很好地将视线上移，从而在视觉上提升身高。

b）线

线由点而成，一条线段无论是垂直、平行、弯曲或斜向，它都可以创造出一种延伸感。而我们在穿搭中，正好可以利用这种视觉上的延伸感，来进行身高、胖瘦方面的调整。比如一些在身高问题上有烦恼的宝宝，不知道该如何利用服装来让自己看起来显得更高，这个时候就可以利用线条来解决。比如穿着浅色连衣裙的同时，外套选择深色的风衣或大衣，并且以敞开的方式穿着。当敞开的对襟呈现出一种自然、连贯的直线时，自然会让整体上有一种身高延长的视错效应。线在穿搭中所呈现的方式有：服装图案上的各类线条、前襟开口、公主线、裤子上的装饰线、西服滚边、垂直的丝巾等。

利用直线的延长感，可在视觉上提升身高、显瘦

c）面

面会呈现出一种体积感。在服装搭配的运用中，当整体色彩统一时，就会感觉整体向上延伸，通常起到拉长身高的用途，也是非常具有高级感的一种配色方式。

（三）各部位修饰——整体到局部

1.整体修饰

（1）全身丰满偏胖

很多体形偏胖的人对于服装色彩的选择都有一个根深蒂固的认知：要想变瘦，就穿黑色！理论上是对的。因为色彩的视觉语言非常丰富，深重的颜色就是会比浅色看起来有收缩的效果，但同时很多人也会忽略一点：深色在收缩效果的同时，也会让你变得更加沉重。可如果你把有色彩和黑色或深色按比例来调和穿搭，效果就会事半功倍。

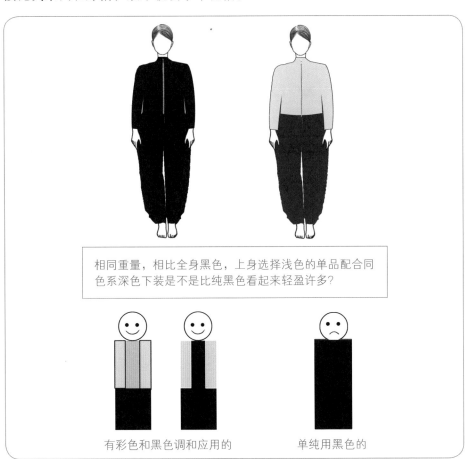

相同重量，相比全身黑色，上身选择浅色的单品配合同色系深色下装是不是比纯黑色看起来轻盈许多？

有彩色和黑色调和应用的   单纯用黑色的

彩色在上深色在下

高腰线与廓型平衡

适当的露出一些皮肤

利用面的分割

适合多数身材偏胖者的修饰方法

一般情况下，体型偏胖者在整体视觉上会给人一种浑圆的印象。胸部、肚子、大腿和臀部都会非常丰满。

a）修饰核心：

简约的、直线的、合体的，是这类型人的修饰关键词。

回避一切带有复杂装饰的上衣和外套。要把整体修饰的重点放在腰部以上，领型、腰线、色彩都是你可以利用的要素。一定要选择能够衬托身材的上衣，显出腰身，而且长度要在臀部上方；选择带有翻领的上衣，V字型稍大的领口。鲜亮明快的色彩要放在上半身。选择单裙时，长度要过膝，这样可以平衡丰满的上半身。

b）回避显胖陷阱：

不要选择圆领上衣。

不要穿太长的上衣，以免将臀部盖住，让腿部变得更短。

不要穿皮质的裤子或裙子，这会让你看起来更加"臃肿"。

不要穿任何带有紧身袖子的衣服。

不要穿又肥又大的上衣或T恤。

不要选择带有兜袋的上装。

不要选择肥大的工装裤。

c）必备品：

有型显腰身的翻领短款上衣和H型上衣、扣子在腰线以上的单扣上衣、高腰合身的无褶长裤、高腰合体直筒裤、中腰微喇裤、细条纹深色套装（裤装、裙装都可）、带有斜线的连衣裙、尖头跟鞋、尖头靴子。

d）职场最佳搭配案例：

深色、中性色连衣裙＋彩色、有腰线的、单扣短款上衣外套＋尖头跟鞋

短款收腰上衣＋合体直筒裤＋尖头跟鞋

带有图案的上衣＋高腰阔腿裤＋尖头跟鞋

中长款大衣 + 深色内搭及裤子 + 尖头跟鞋

（2）整体身材矮小、偏瘦

a）修饰核心：

浅色的、柔软的、有层次感的、多装饰性的，是这类型人的修饰关键词。

多运用叠穿、长短混搭来制造层次感；相同材质，肌理越柔软越显丰满。色彩亮点的位置越高越显个子、竖条纹同色套装会有视觉拉伸的效果；带有裤线的裤子和尖头鞋可以拉长腿部线条；过膝长度的连衣裙会从视觉上整体拉长你的身高。一定要露出脖子和部分胸部，并且穿有支撑的文胸。

b）回避显瘦、显矮的陷阱：

尽量不要选择深重、有收缩效果的色彩。

不要穿过于紧身的衣服。

不要穿不合体肥大的衣服。

不要选择夸张大量感的配饰和包包。

c）必备品：

横条纹的任何单品、带有兜袋的上衣、带有滚边的上衣或外套、竖条纹的套装、与自身量感相匹配且带有图案的上衣或衬衫、合体的阔腿裤、喇叭裤、A 型裙。

d）职场最佳穿搭案例：

过胯外套 + 膝上裙 + 尖头高跟鞋

宽松衬衫 + 高腰喇叭裤 + 尖头鞋（靴）

短款上衣 +V 领内搭 +9 分阔腿裤 + 尖头鞋

短款夹克 + 内搭 + 九分牛仔裤 + 尖头切尔西靴 + 与鞋同色帽子

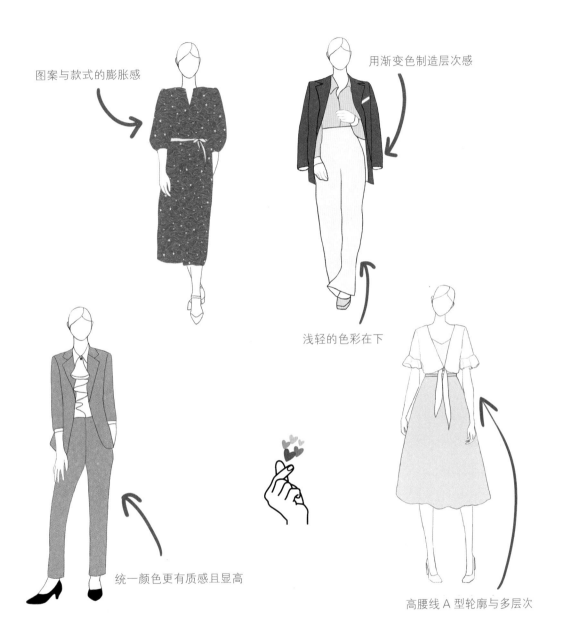

图案与款式的膨胀感

用渐变色制造层次感

浅轻的色彩在下

统一颜色更有质感且显高

高腰线 A 型轮廓与多层次

适合多数身材瘦长或偏矮过瘦者的修饰方法

2. 局部修饰

（1）脖子长短的问题

如何知道自己脖子是属于偏长还是偏短？有一个测量的尺度，正面平视对镜子时，测量下巴到锁骨凹陷处的垂直距离：≤ 6cm 属于脖子偏短；≥ 9cm 属于脖子偏长。

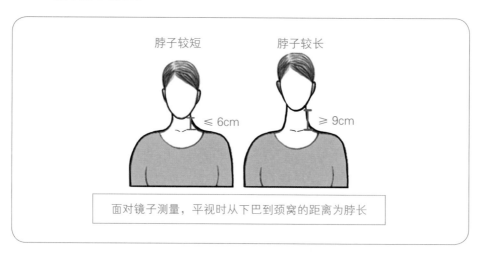

a）脖子长：

回避各种深浅的 V 领、西服领、青果领、圆领、一字领、U 形领、大圆领及吊带款式。

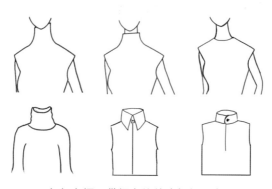

任何高领、带领座的款式都很适合

领型的选择：

适合的领型有——任何带有领座的领子及高领。

弥补方法：

误买领型不合适的上衣时，可选择丝巾作为装饰弥补；皮草类围脖以及冬日里多圈式围脖的戴法都很合适；肩部带有肩章设计的上衣会弱化脖子过长的印象；项链优选贴颈和堆叠式款式；耳环越大越长越好；过肩长度的发型都很适合。

b）脖子短：

回避一字领、高领、皮草包裹式的领子、厚重感的领子、肩部带有肩章及复杂装饰性的上衣、带有明显垫肩的上衣、落肩长发。

领型的选择：

V 领、方形领、U 形领、大圆领、心形领、单肩领、削肩领、吊带领。

弥补方法：

领座越低越好，特别适合深 V 形西服领。不要扣紧最上面的扣子；尽可能地露出锁骨凹陷的位置；项链尽量选择长垂型、视觉制造深 V 线条；耳环适合短小吊坠式和纽扣式；下颌长度的短发和超短发会非常适合。

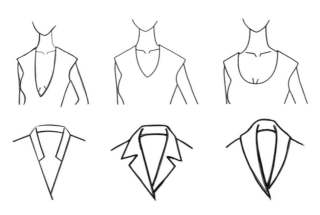

任何开领、有深度的领型都很适合

（2）肩部宽窄的问题

肩部宽窄的判定是以肩点垂直到臀部所形成的轮廓图形，倒梯形为宽肩、正梯形为窄肩。

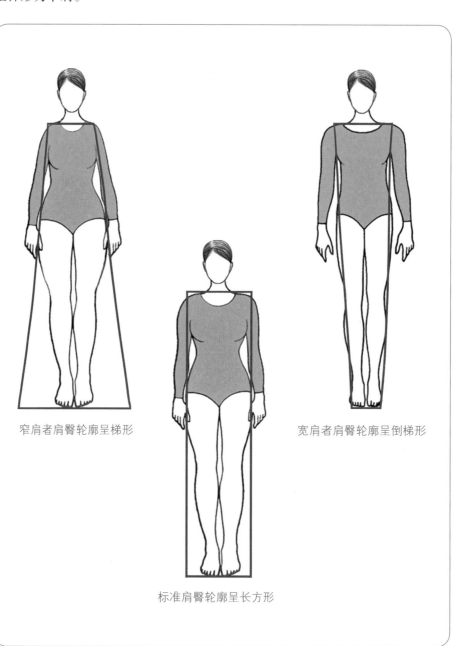

窄肩者肩臀轮廓呈梯形

标准肩臀轮廓呈长方形

宽肩者肩臀轮廓呈倒梯形

a）宽肩：

回避一字领、泡泡袖、宽大有褶皱的花领、肩部有肩章及较多层次设计的装饰物，领口不要过深过大，否则会强化肩部。

弥补方法：

适合插肩式、圆领、深V、斗篷式上衣、无肩式设计，可在锁骨中心佩戴胸针及装饰品来制造视觉聚焦点，A字裙和臀部带有装饰设计的下装适合下半身偏瘦的肩宽者。

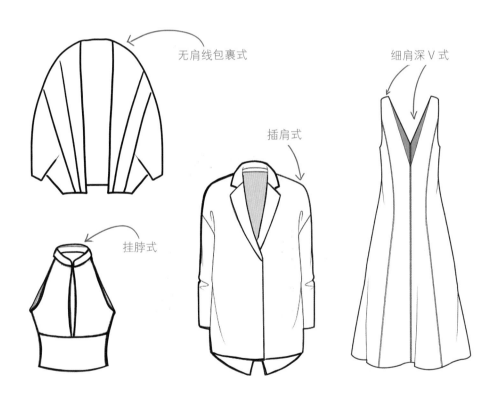

无肩线包裹式

细肩深V式

插肩式

挂脖式

b）窄肩：

回避一字领和船形领。

弥补方法：

肩部较窄的人除了不适合一字领和过大的船形领，任何领型都可以尝试。可穿着有垫肩且肩部有装饰性的上衣，这种人在穿着上受限的情况并不严重。但有一种情况除外：对于丰满偏胖的人来说，窄肩意味着"溜肩"，出现这种情况的时候，要回避一切在肩部有任何膨胀细节装饰的上衣，如蕾丝花边、荷叶边、肩章，或肥大的袖子等，因为这会让你看起来拖沓又臃肿。弥补时可以选择用上浅下深的色彩搭配方法，或者选择带有图案的上装，以及胸部以上有横条纹的装饰图案，并选择下身收紧的轮廓线条，来平衡肩部溜肩的印象。

带肩章

肩部装饰线

肩部装饰

加宽的肩部

（3）胸部的问题

a）胸部过于丰满

弥补方法：

回避前胸有设计感的、繁复设计的单品。回避胸前图案明显、夸张的上衣、紧身类的上衣。回避用开衫混搭单品的穿衣方式，尤其是一些带有蕾丝花边设计的内搭配开衫，它们会让你的山峦更加雄伟。

回避过于短小的上装，上衣长短最好过胯或臀部。选择有钢托设计的胸衣，用视觉拉长的方法减少身体的宽度，提升高度。选择偏长但量感小的项链装饰，带有直线滚边的大开领西服也很适合。

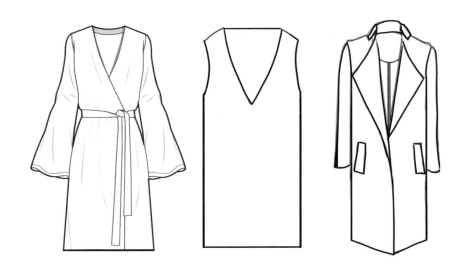

V领的、深V领的、H型轮廓无装饰的、大翻领的都很合适

b）胸部较平

弥补方法：

回避胸前的设计简单且直线。增加胸前设计亮点，蕾丝、褶皱、多褶类设计都很适合。可利用带有复杂的胸前设计的上衣单品来制造一种起伏感。胸前带有荷叶边的设计非常适合，以及带有明显膨胀感的图案，如圆点花纹等。多层次穿搭、收腰设计也很适合。腰部带有公主线设计的西服会在显腰的同时，让胸部看起来更丰满。多层次的、偏大的项链、长款项链也可以帮助调整视觉的丰满感，如大颗的珍珠项链等。制造内外单品颜色上的深浅过渡也可以起到很好的丰胸效果。

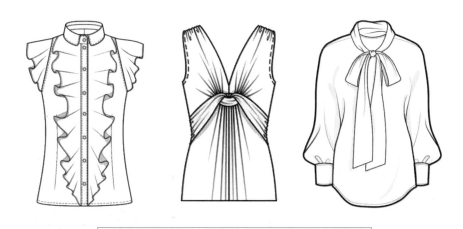

前胸带有装饰性的、褶皱的、有胸线的都很适合

（4）腰、臀、胯部的问题

a）腰部曲线不明显：

回避肥大无腰线、无省道线的上衣和裙子。

弥补方法：

腰部曲线不明显的人会分为两种情况。第一种一般是身材匀称或体型偏瘦的人，这类人群可选择 X 型轮廓的服装、短款收身上装、高腰线连衣裙，以及在腰部系细腰带来进行视觉上强化腰线。第二种是体型偏胖的人，可选择 H 型轮廓的服装，但腰线及胸线偏上的单品。而合体修身的短上衣、在腰部有曲线收腰装饰的裙子也是这两种类型人的共同选择。

b）腰部较长的人：

对于亚洲女性而言，无论你的上下半身比例如何，绝大多数人腰部其实都偏长。而腰长不可怕，可怕的是腰长会显得你腿短。

如何知道自己的腰到底是正常尺存还是偏长呢？可以用头身示数的方法来检测。之前我们讲过身高用头身来表示，这就意味着每一个头长的末端都会在人体相对应的某个位置上。从第二个头长开始算起的话，第二个头长的末端应该是在胸高点的位置，而第三个头长的末端应该是在肚脐以下 1 ~ 2cm 的位置。如果你的第三个头长与这个位置相等或接近，说明腰部长度是正常比例。但若第三个头长的末端大于脐下 1 ~ 2cm 的位置，说明你的腰部偏长，那么在下装单品的选择上，就需要选择那些能弥补你腰长腿短的单品了。

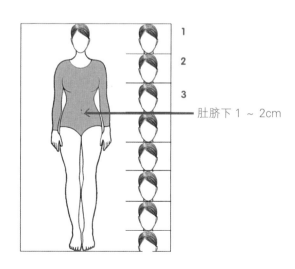

肚脐下 1 ~ 2cm

回避低腰裤、腰部装饰细节过多的裤子。

弥补方法：

要注意制造和提升腰部曲线、穿裙子时要使裙子的底摆上提；内长外短的穿衣方式和多层次穿搭可以修饰过长的腰部。

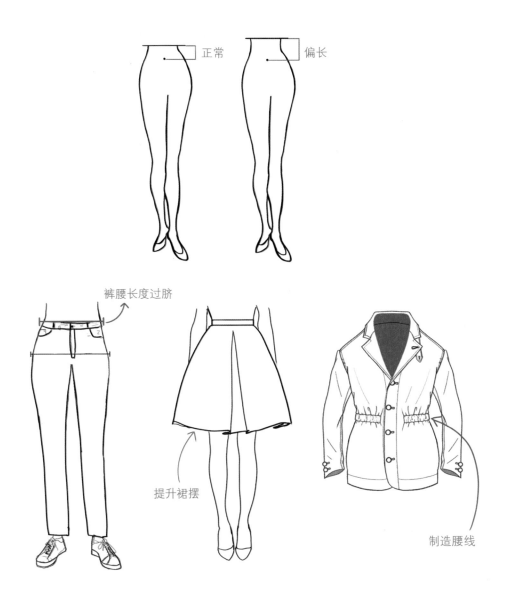

c）臀部肥大丰满：

回避下半身出现夸张具象的大图案，回避 A 型裙、锥腿裤以及任何紧贴身体的裤子或裙子。

弥补方法：

臀部偏大丰满的人，无论是穿裙子或是裤子，款式都优先选择 H 型轮廓，如直筒裤、直线型的连衣裙等，并且外套的长度也要过臀。

d）臀部扁平：

回避后裤兜靠下、松垮无形的裤子。

弥补方法：

可穿后裤子兜靠上的，或者无兜的下装。在臀部带有明显装饰线的裤子、材质挺括的裤子或裙子以及 A 字型裙。

e）胯部较宽：

回避紧裹胯部的服装，不要在胯部出现任何水平线。

弥补方法：

小 A 字型裙是首选，在胯部最宽处可利用斜线做视错弥补，且适合圆摆的上衣。

（5）腿部的问题

a）腿粗：

大腿粗者要回避一切带有格子类的下装、多兜袋的装饰。小腿粗者不要让裙子的底边、裤子的底边、靴筒的边缘出现在小腿最粗的地方；鞋跟不要选择过于粗圆的。

弥补方法：

及膝和露出脚踝的长度是选择裙子的最佳标准，而裤子要选择合体的直筒型。合体的宽松度和材质的流畅感也是修饰腿型的好方法。而把鲜艳的色彩上移可以错开对腿部的关注度。

b）腿短：

回避锥形裤、印花图案的裙子、多兜袋的装饰。

弥补方法：

高腰线是修饰的关键，配合短款上衣和高腰线的裤子，可以视觉拉长腿部长度；高跟鞋也是必不可少的单品。对于腿短且上下身比例不好的宝宝，裙装优于裤装。

导致视觉腿短还有一个关键的原因：腰部较长以及臀部不挺翘。所以此类型人一定不要穿包身裙以及可以明显看出臀部位置的单品，而且外套的长度一定要过臀。

色彩上移

高腰线

底摆在腿部最细处

直筒合体裤型

露出脚踝

这些细节适合绝大多数腿部及下半身需要修饰的人

（6）脚部的问题

a）脚宽：

回避脚背带有细带装饰的鞋子、纯方头的鞋型。

弥补方法：

选择圆尖形和 U 形斜线的鞋子，以及在鞋的侧面和单边有装饰物的鞋。

b）脚趾长：

回避鱼嘴鞋、浅口鞋。

弥补方法：

选择系带款式、乐福鞋、靴子类。

第二个模块：

色彩选择——实用配色的推荐和应用

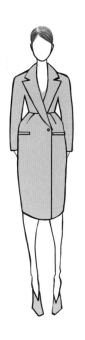

（一）你与色彩之间的关系

色彩是形式美的重要构成元素，人们对美感认知最直接的感受就是视觉上的色彩冲击。科学实验佐证，人类视觉对色彩的感知要快于形状，同时色彩又对人的精神、情绪、消费等产生特殊影响。

研究表明，人的视觉器官在观察物体最初的 20 秒内，色彩感觉占 80%，形体感觉占 20%，2 分钟后色彩感觉占 60%，形体感觉占 40%；5 分钟后，色彩感觉和形体感觉各占 50%。我们常说"远看色，近看形"就是这个道理。色彩搭配在个人整体形象中占有很大的比重，因为服饰配色可以更直接地表达你所传递给别人的印象。

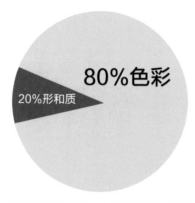

视觉感官在 20 秒内所接收到的信息

随着历史的变迁，色彩在当今社会里已经发展成为一种在情感上、精神上，以及商品上的视觉现象。应用区域和范围的不同，而被赋予的多层次上的意义也不同。

光谱中的任何一种色彩，都会随着场景的不同，而带来不同的意义和共鸣。但在职场中，基础色的应用却在国际上有着通用的效果。就像小黑裙和白衬衫一样，是一种文化共识。所以在本书里，我会着重讲解职场中大概率且百搭的色彩。

人体色其实是非常复杂的，血红素、胡萝卜色素、蓝色还原血红素以及黑色素的含量不同，决定了我们肤色所呈现的色彩属性。而基因、人种和黑色素的含量决定了我们肤色的样式和阈值。如白种人属于高加索人种，黄种人属于蒙古利亚人种，而黑种人属于尼格罗人种。一个人从出生到年迈，肤色深浅会随着年龄的增长而逐渐加深，但肤色的冷暖倾向则不会变化且不可逆。如果你能找到自身的冷暖倾向和色彩应用范围，再与服饰之间进行和谐的色彩调和，那你搭配出来的色彩一定是最美的。所以服饰的色彩搭配还要加上你，不是单纯色与色之间的互动。简单地说，好看的结果是因为有了你，因为你找到了属于你的色彩倾向才让它们变得更好看。

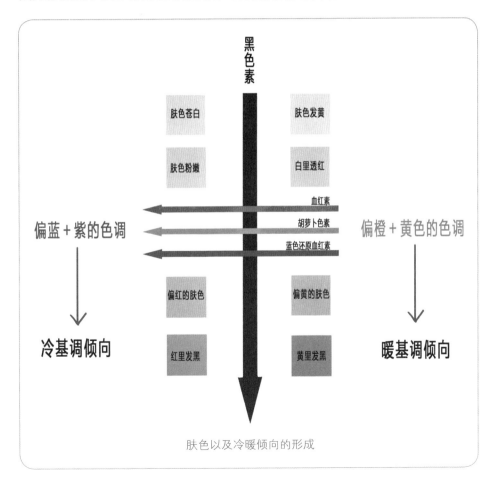

肤色以及冷暖倾向的形成

虽然在外国人眼里，我们是黄皮肤的中国人。但严谨地从色相的角度来说，中国人的皮肤其实是橙色而并不是黄色。所以你会发现，白种人可以把那些五颜六色甚至夸张至极的图案穿在身上，但并不违和。又或是黑色人种在黑色的皮肤对比下，反倒让那些高饱和的色彩看起来更加立体化。这就好像，在黑白纸张上涂鸦，颜色越鲜艳效果越立体，但你想想，如果这块底色换成了橙色，是不是只有一小部分色彩在上面涂抹时，才会好看？

举这个例子是想告诉大家，你多半穿着不好看的色彩，其实并不是色彩本身出现了问题，而是色彩与你的和谐度出现了问题。我想所有喜欢时尚，或者关注时尚的人，一定会有关注每年各大时装周品牌发布会的习惯，目的是从这些活动中找到当季最 in 的东西。但说实话，如果你去照搬那些时髦的单品与色彩，会发现适合中国人的东西并不多。比如某年潘通发布的孔雀绿，那种厚重又浓郁的色彩对于橙色底子的我们真的不友好。而随着绿色的流行，墨绿色的西服以及裙子又成为追逐时尚人士的时髦单品。但这种色彩真的不是谁穿都好看，并且从职场着装印象的角度讲，绿色——无论是从色彩的心理意义，或者风格意义上，都没有精致干练或者专业的印象。所以，当我们照搬时髦的时候，多半会出现不合适的症状，而彻底解决这个症状的办法就是——建立自己的色彩搭配体系，找到适合自己独属的色彩搭配方案。

犹如世上没有两片一样的叶子，每个人的色彩用色规律也不一样。如果你要想确切地知道和掌握自己的用色范围及规律，不妨去做一下专业的色彩和风格诊断。

网上有很多方法教大家自己去测试冷暖，什么白纸法、看血管等，但你会发现如果按照他们所说的方法来作为固定的色彩选择模式，失败率其实很高，这是为什么呢？

因为冷暖色在色彩理论上其实只是一种色彩倾向，这个色彩倾向可以指引你找到最适合自己的用色范围而已，但没办法具体地提供日常用色和搭配方式。比如在一个大部分属于暖色倾向的人身上，也会有一些绝对属性虽然是暖色的色彩，但让她穿起来没那么好看。而这个问题的解决办法就在于，通过专业、科学、严谨的色彩测试来为你筛选出与你匹配度百分百的那些色彩。这些色彩可以作为你购置服装、彩妆、染发等的标准之一，而剩下那些相对适合的色彩，形象顾问会帮你归纳分类。你可以根据个人的喜好，来当作辅助色小面积使用。而对于那些绝对不适合的色彩，是你可以总结、记住、避免掉坑的另一项指标。

固有色

暖基调倾向

冷基调倾向

固有色受冷色和暖色的影响，所以会有不同的冷暖倾向

当你做完整套科学、严谨的色彩和风格测试后，会让你对自己有一个全新的认知，并在穿衣品位上又有了新的优化和提升。

暖色基调

冷色基调

哪一种更好看？

色彩诊断其实是通过观察自身毛发、瞳孔、皮肤的色彩倾向以及"色彩心理补色"的原理，利用多块色布来进行——色彩适配。所谓"色彩心理补色"就是凝视某颜色一定时间后，把目光移到一张白纸上会有残留影像出现在那里，这个现象被称为"补色后像"，适合测试者的色彩以及"补色后像"出现叠加在测试者脸部时，会呈现气色红润、瑕疵变淡、脸部立体等效果，等同于开了一个美颜滤镜。而不适合测试者的色彩叠加在脸部时，等于开了没有滤镜、大光圈4000万像素、且绝对真实并加倍丑化的镜头。所以，找到你脸部最适合的色彩，还是很重要的。

人体也是一块色布

瞳孔颜色

毛发颜色

皮肤颜色

补色后像原理

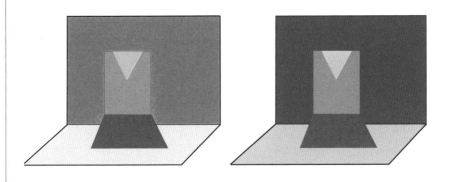

相同的服装色彩，在冷暖不同的背景下，是不是变得有些不同？

（二）色彩的调和与类型

如果想玩转色彩搭配，除了需要了解自身、色彩和服饰的关系，还有一点很重要，那就是整体的——色彩和谐度，而和谐是需要经过不断调和才能得到的结果。人和色彩之间的关系，亦是如此。即使你不懂艺术，而对于美的感受却是真实的，让人觉得舒服的配色正是经过组织思考与调和的结果。而你与色彩之间如果达到了一种和谐的状态，所呈现的结果也必定是美的。

在美学里有种观点认为美是"多样性的统一"。换言之，也可以说感受美需要在"统一与变化之间适度平衡"。显然，色彩是形状、大小、质感等各种造型元素共同的必备条件。

正因如此，要想得到一组好看的色彩，调和的作用功不可没。就像曾在包豪斯担任教员的色彩集大成者约翰内斯·伊丹曾指出："所谓色彩调和就是准确选择相对色，以求发挥最强效果。"

那什么是色彩调和呢？把色相、明度、纯度三种属性混合，这个过程就是调和。你可以理解为：在众多色彩组合中，用科学的方法，找到与你可以和谐共处的色彩搭配方式，这个过程就是色彩调和。并且配色调和的思路从化妆发色、服饰搭配、图表制作、产品外观、室内装修及建筑外观到都市色彩景观规划，各种领域皆可通用。

本书所讲到的色彩调和的方法除了适用于职场穿搭，亦适用于你生活中所见的，任何需要色彩搭配的地方。比如你正困惑于夏日里换什么颜色的窗帘，可以既配得上你红色的沙发，又能让房间的整体色彩氛围和谐。诸如此类的色彩搭配困惑，如果你掌握了以下这些色彩调和的知识，就能够随心所欲地选择出你喜欢并且很美观的色彩组合。

我们来看下面这张图，它呈现出三种状态，也体现了色彩调和的魅力。

1　整体统一，但缺乏魅力　　　2　有变化，但无序，缺乏美　　　3　整体统一中有变化，有美感

图1井然有序，给人强烈统一感，但缺乏图形上的魅力。

图2仅仅有变化，杂乱感很强，构不成美。

图3局部有大与小的变化，整体看又有统一感，可以感受到图形的魅力。

1. 配色比例

在服饰配色中，有一个可供配色比例参考的大原则：75-20-5。意思就是，基础色为75%、辅助色为20%、点缀色为5%。这是职场中得体优雅的用色比例，亦是穿衣品位和段位的体现。

75-20-5
基调色—辅助色—点缀色

整体服饰中占据面积最大的色彩，有主导风格的作用

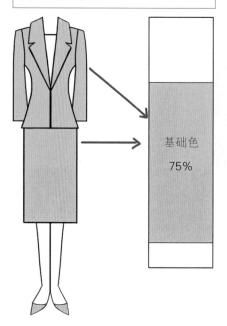

基础色
75%

（1）基础色（基调色）

配色中所占面积最大的颜色，作为基调来支配形象。多为外套、风衣、连衣裙、衣裤同色等大面积的色彩。

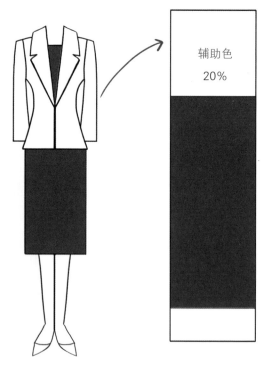

辅助色
20%

（2）辅助色

仅次于基础色面积比较大的颜色，兼顾基础色，又赋予变化、特征的颜色。多为内搭、半裙、西服或裤子，以单品色彩出现。

（3）点缀色（强调色）

以小面积聚敛整体，使其突出，强调整体的格调。具有让视觉聚焦的效果，装饰性效果强。多为内搭、鞋帽、包袋、饰品类的色彩。

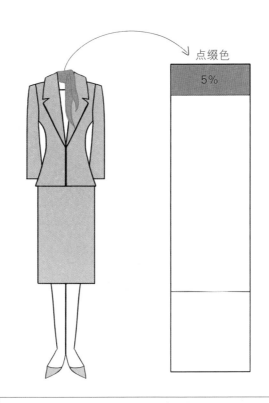

点缀色
5%

色彩面积最小的色彩，起到提升装饰性且聚焦的作用

2. 配色方式

（1）明度配色

明度是配色方式里非常重要的一个因素。前面我们已经讲过明度是色彩的深浅程度。而在服饰配色中，我们正可以利用服饰单品之间的色彩，在明度上的变化，来营造一种层次感和韵律感。这种方法非常实用，不仅适合那些只喜欢黑白灰的人，还兼顾喜欢色彩感的人。

明度配色方式有很多种，但是为了便于在服饰配色中应用，特别给大家总结了以下三种：高明度＋高明度、高明度＋中明度、高明度＋低明度。

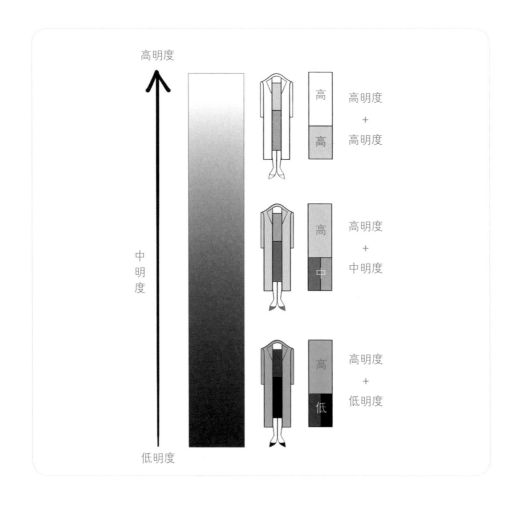

（2）色相配色

色相配色是除了明度配色，实用性也很高的配色方法，也是大众平时都会用到的一种配色方式，不管你会不会。有种定律，当你不想穿黑白灰的时候，随手从衣柜里拿出搭配好的色彩，多半是色相配色，只是你并不知道它们的搭配方式叫——色相配色。色相的配色方式也有很多种，这里我提供给大家最实用也最常用的三种：同一色相配色、类似色相配色、对比色相配色。

同一色相配色：

即整体色彩统一。就颜色而言就是保持各色整体秩序。通过单一色相，利用不同的深浅变化来进行搭配，可以体现出一种层次感和高级感。

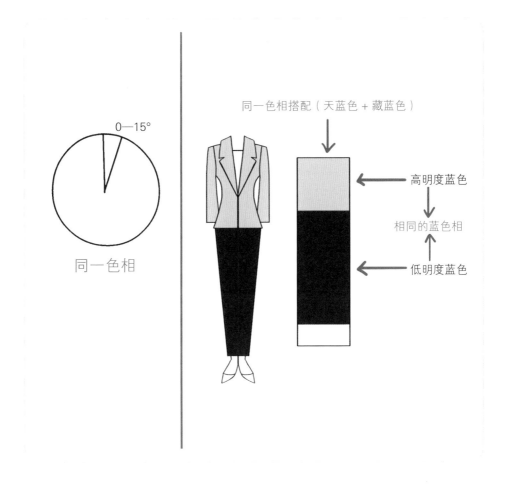

类似色相配色：

可以表现出共同的配色印象，这种配色方式在色相上既有共性又有变化，是非常容易取得配色平衡的方法。如黄和橙、绿和黄绿、蓝和紫。

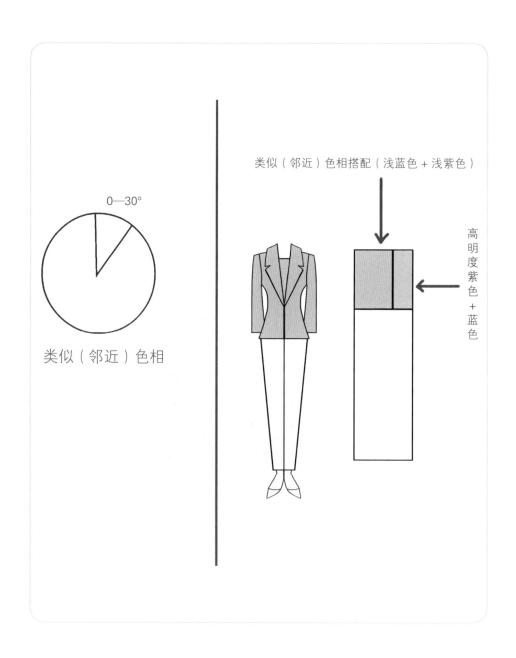

0—30°

类似（邻近）色相

类似（邻近）色相搭配（浅蓝色 + 浅紫色）

高明度紫色 + 蓝色

对比色相配色：

对比色相配色可以造成一种视觉冲击力，是一种强调的构成配色法。在配色上小面积地使用对比配色，可以体现出一种具有活力和个性的印象。但在使用时，一定要注意对比色之间的面积、纯度控制。当削弱色彩纯度时，搭配效果会比较和谐。最常用的对比色相配色是：驼色系＋藏蓝或牛仔蓝，有种干练、年轻活泼的印象。

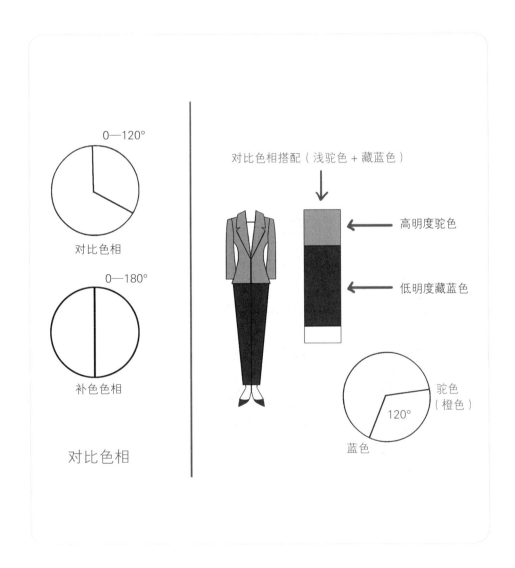

（3）强调配色（加一配色）

　　强调的意思是突出、显眼，用少量的有彩色在整体画面中起到画龙点睛的作用。比如在整体黑白灰服饰中，少量地加入一些对比色彩，使其成为焦点。在服饰搭配中，既能画龙点睛，又能起到提升整体线条，以及转移视线的作用。

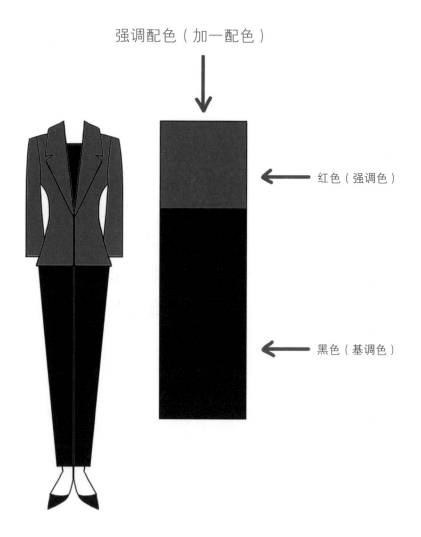

强调配色（加一配色）

红色（强调色）

黑色（基调色）

（4）渐变配色

渐变配色的方式是利用单一色相，慢慢地变化、阶段性地变化。是色相、明度、纯度、色调分阶段有规律地变化。可以体现一种有顺序的配色，在给人秩序感的同时还有一种韵律感。在服饰配色中，多体现在图案可用单一色相，配合不同明度、纯度来进行整体搭配。比如以蓝色为色相主导，深蓝色牛仔外套＋浅蓝色内搭＋蓝黑色水洗牛仔裤。

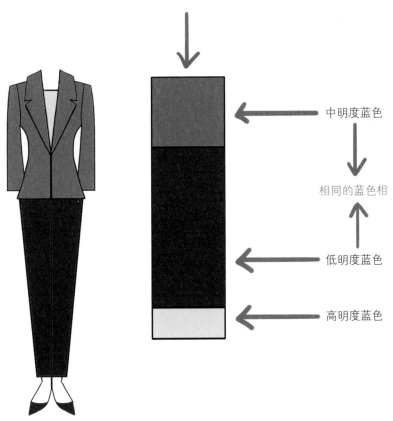

渐变配色（浅蓝色＋宝蓝色＋藏蓝色）

中明度蓝色

相同的蓝色相

低明度蓝色

高明度蓝色

隔离配色

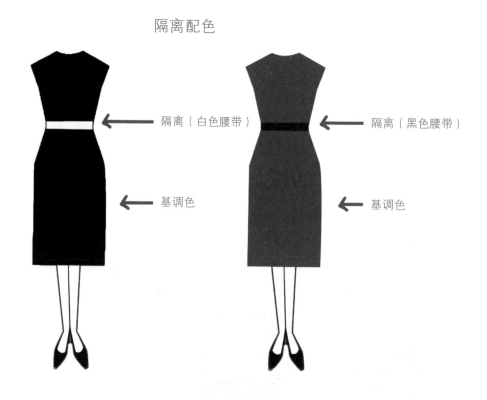

隔离（白色腰带）

隔离（黑色腰带）

基调色

基调色

（5）隔离配色

　　相邻两色色差过大或过小时，如果在两者间插入无彩色（黑白灰）线将颜色分隔，魅力就不会互相抵消，而是互相映衬。乳色、淡褐色及米色等低纯度色、金属色等光泽色都具有和无彩色同样的效果。在服饰穿搭中多用于无彩色、金属色腰带的使用上，用无彩色、金属色的腰带来进行整体的色彩分隔，从而达到一种形式上的变化，让整体穿搭更具有层次感，更是凸显腰线和身材比例的一个好方法。

（三）基础色的种类和应用

配色首选职场加一配色

大部分人都会有色彩选择的障碍。

这并不是说你不会穿，而是你在色彩选择的思路上有一点点偏差。比如上班前打开衣橱时，通常你的行为是看上了一件彩色的衬衫或 T 恤，然后你想的是配什么颜色、款式的裤子和外套；出门打开鞋柜时，还要思考选择配什么颜色、款式的鞋子，才能让整体好看。而如果你有一套合理百搭的、独属你的色彩搭配模式，就不会再有上述的这些烦恼。因为在你全面熟练地玩转色彩搭配之前，用最基础、最实用的色彩搭配方式来建立自己的色彩系统是最科学有效的。

通过色彩调和原理，用无彩色、中性色与单一有彩色来进行搭配，也是你提升个人审美和练习服装配色的好方法，这就好像跑之前得先会走。

所谓"色不过三"是非常适合职场氛围的一个用色定律。单纯且有质感的配色，会让你看上去更加干练和值得信任，而这个印象应该是在职场情景中，大多数人最想体现出来的穿衣效果。

前面我们讲了色彩需要调和、需要平衡。而职场中需要体现的是你干练、优雅、精致的一面，所以在色彩搭配上，我推荐使用强调配色的方法，我称它为"职场加一配色"。

为什么"职场加一配色"是首选呢？

因为你在职场中最优先体现出来的印象，除了得体优雅，还有一个必备的印象是——专业度。

我们可以回想一下，无论是在银行专柜、商场专柜、超市卖场或是房产中介，他们所有的工作人员，无论层级，都是以统一着装出现的。这种统一的着装方式，先不说好不好看的问题，不可否认的是给你的第一印象，一定都是专业的、值得信赖的。所以，基本上这些行业里制服的颜色都是无彩色系列。而在一般职场情景中，虽然大多数企业在对员工的着装上没有特定的要求，但如果你每天都是五颜六色地出现，我想，相对于跟你同阶层但比你更注重着装的人，晋升和发展的机会一定比你多，因为往往细节决定成败。

所以，当用大面积无彩色作为基调色使用的时候，你想要的得体与专业的印象，也就同时出现了。你想想，如果给你钱让你买辆劳斯莱斯幻影当商务车使用，我想大部分人不会选择特意去定制骚粉色吧……

我们都知道黑白灰是百搭色，而能胜任这个角色，是因为它们的色彩属性区别于有彩色。

黑白灰并没有纯度属性。这就让它们变成了很好的调和剂，可以很好地平衡有彩色过激的一面。

而从人体色的角度来说，我们黄种人人体表面的这块橙色，受风格、冷暖、艳浊、轻重等诸多因素的影响，对于高纯度的色彩，其实驾驭的效果并不佳，有例为证——"死亡芭比粉"了解一下……

但长期完全使用黑白灰，又难免失了些情趣，并且从色彩能量学来看，黑色的能量为零，长期贴身穿着其实对身体不大好，严重的可以引起身体的不适。

所以"职场加一配色"真的是非常理想的日常配色方法，在大面积无彩色或中性色基调中加入一块有彩色，用适合自己的配色组合来完成整体搭配，是非常好操作且效果俱佳的方法。不仅可以提升你的穿衣品位，还可以让你在穿衣搭配这件事上，花更少的时间和金钱。所以在选择色彩配色组合的时候，首先应选择可以和黑、白、灰、藏蓝色、驼色系列搭配和谐的色彩，然后才是其他的色彩组合。

无论你是想解决色彩选择困难症，还是想通过服饰配色来提升自己的穿衣品位，都应从中性色与单一有彩色搭配开始。在黑、白、灰、驼色系、藏蓝色这些中性色里，选择出最适合你的，并可以提升你个人气质的主色，再搭配一种最适合你的有彩色，来作为你日常的色彩搭配模板，循序渐进地完成色彩搭配的晋级。

中性基础色有：黑色、白色、灰色、驼色系及藏蓝色，这些是可以和绝大多数有彩色搭配和谐且有质感的中性色。并且这五块中性色相互之间进行搭配，也是非常保险且有格调的配色方法，你可以在这些组合中，找到最适合你的组合来作为日常基础搭配。

有人可能觉得黑白灰不是万能色吗？怎么还会和其他色彩搭配不和谐？我这里说明的首选配色是针对适合你人体色的中性色加有彩色。

受皮肤冷暖和混合倾向的影响，并不是所有人在使用这五种基础色时都会很好看。比如特别肥胖的人大面积穿着黑色，其实会给人一种非常厚重的体积感。黑色显瘦是没错，但也同样会让你看起来更沉。而深灰色或者深咖色却能很好地缓和这种印象。还有一些肤色浅轻、眉眼柔和的人，整体大面积穿黑色、藏蓝色等深重的颜色会破坏她的轻盈柔和感。而驼色系列及灰色系列就非常适合。或者像我这种眉眼重、肤色浅、风格倾向非常硬朗的人，浑浊模糊的灰色会让我看起来特别的没有精神和萎靡，而那些自身眉眼轻巧、风格倾向柔和、肤色特别白皙的妹子，穿一些大面积的浅灰色反而会很高级。

所以，你需要在这些中性基础色中，找到最适合你的、可以大面积使用的色彩，作为你日常的基调色和你以后剁手的主要目标。

如何来操作"职场加一配色"？

只选择一种色相明显的有彩色作为亮点，其他颜色选择中性基础色为基调色来进行整体搭配。

可能你会觉得单调，但往往越是精致上品的状态，色彩的配色方式越简单。而好的裁剪和质地，同样可以提升精致度。所以我们可以用不同材质和肌理混合出层次感来体现你想要的个性，而不是一身红黄蓝。

（1）红色加基础色

红色是人类出生时最先识别的色彩，并且对于亚洲多数国家来说都有着深远的文化意义。红色给人的感觉是张扬的、强烈的、热情的、强势的。如果选择高纯度红色作为亮点，比如正红色，那你先要考虑你是不是能驾驭得住，别让它把你镇压了。因为红色的波长最长，所以它的吸睛度是非常高的，但如果不是你的本命色，那就只剩惊吓了。

而低纯度、低明度的红色，如酒红色、暗红色等温和不刺激，却又有着明显识别度的红色会非常适合大多数人。而且你若喜欢看美剧，就会发现在那些描述严肃职场的电影里，诸如法律、金融，女性角色的服饰，除了日常经典的黑白灰和米色，还会出现的一种色彩——在鲜红色强烈的情感中加入大量的黑色，一种全新的具有权威和权力的印象便产生了，那就是酒红色。

如果你能很好地驾驭红色，那我非常建议你在谈判时或商务活动中多多利用，可以强化你的气场，给你带来更多的力量和自信。

红色最佳搭配：

红色配黑色，给人典雅大气权威的印象；

红色配白色，给人年轻动感、具有活力的印象；

不推荐红色配灰色、红配蓝色。

不推荐的原因很简单，能穿好看的人不多。前者很难平衡色彩感，印象不清晰。后者会看起来过于戏剧化，缺少精致感，比较适合休闲。

（2）黄色加基础色

黄色是原色之一，从中国的色彩历史来看，是除了红色以外的第二块有彩色。在中国色彩五色论里讲，三色观里黑白赤，四色观里就是黑白赤黄。所以黄色在中国古代色彩文化里是非常高贵的一个颜色，代表着尊贵与皇权。在古代天子神授的统治思想下，明黄色基本是皇室的专用色。而在西方一些欧洲国家，意义则相反。在最后的晚餐中，出卖耶稣的犹大就是身穿黄色，所以在欧美文化里，黄色更多具有的是负面意义。

而今天，黄色在服装搭配上被大面积应用，还是受美国20世纪60年代迷你裙的出现的影响，所以黄色在服装搭配上的印象是一种摩登现代感。黄色可以让人变得积极快乐，如果你是去推销，穿着黄色的衣服，会让你更容易被对方接受哦。

黄色最佳搭配：

黄色加黑色，是一种具有都市摩登风格印象的配色；

黄色加灰色，具有柔软、温柔的印象；

黄色加白色，给人年轻活泼的印象；

黄色加浅咖色，给人温暖平和的印象；

黄色加蓝色，校园风情，休闲度假；

其他不推荐，因为很容易搭配得很土。

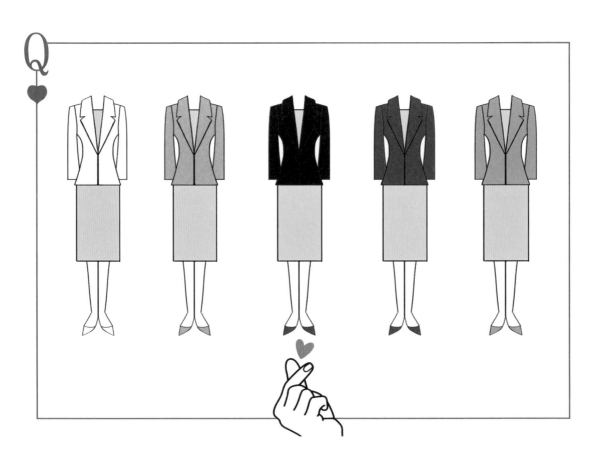

（3）蓝色加基础色

蓝色是色彩三原色之一，如果给蓝色只赋予一个色彩印象，我会说：朴实无华。

蓝色情感中的智慧印象取自于天空，因为它是我们无法触手可及的。通过无边无尽的透明色叠加而出的蓝色，让天空看起来范围广大，层次越多，距离我们越远。所以宇宙的蓝色给人的感觉是浩瀚无垠的。而蓝色也有神秘的印象，因为大海是蓝色的。对于海洋，人类有着太多难以解开的秘密，所以蓝色的神秘源于对事物的未知。

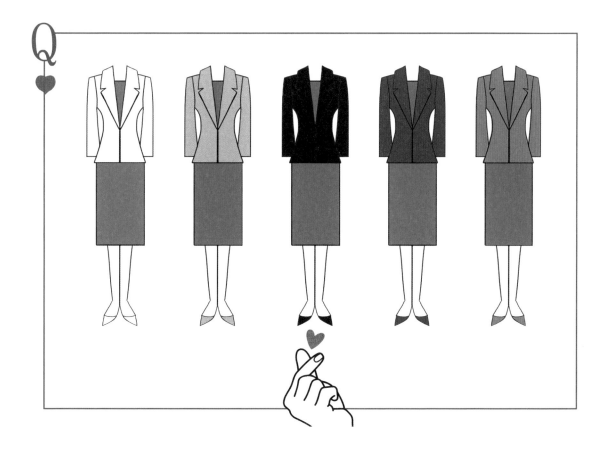

而我说朴实无华，是因为从色彩历史来看，蓝色因为价格低廉，获取容易，耐光性好，所以自古就是劳动人民的色彩。你不可能让一个贵族穿经过尿液发酵的蓝色。是的，你没听错，蓝色最早的印染过程中需要酒精，但是为了控制成本，在古老的配方里，在发酵过程中会使用尿液，因为人们发现用喝了很多酒后的男人的尿液代替酒精，染出来的蓝色会更好。

但颜色鲜艳的、纯正的蓝色，诸如普鲁士蓝——却是贵族的用色，可那都是限量版的。而在中国，还记得 20 世纪 80 年代，爸爸妈妈们下班时，集体骑着自行车，共同在藏蓝色海洋里欢欢喜喜骑车回家的场景吗。

对于有着橙色相的中国人来讲，蓝色其实并不能让我们好看。尤其是纯正的蓝色，无论你的肤色属于哪种色彩倾向，都会让你看起来有点不大协调。

蓝色最佳搭配：

蓝色加白色，无论是浅蓝到藏蓝都可以和白色搭配，浅色系蓝色配白色会显得年轻雅致，而深蓝色加白色会让你看起来有种学院的书生气；

蓝色加黑色，如果是丝绸或光泽感强的深蓝色、藏蓝色上装，搭配黑色会显得非常高雅有质感；

蓝色加灰色，给人一种整洁的印象；

蓝色加咖色，是一种具有互补色关系的配色，具有一种时尚稳重的气息；

蓝色加绿色，牛仔蓝和橄榄绿搭配时很休闲，也是一般不会出错的搭配方式。

（4）橙色加基础色

橙色来自红色与黄色的混合，所以既含有红色的动感，又有黄色的青春活泼感。基本上在运动休闲类运用得多。橙色属于现代的色彩，自身印象会有一些廉价的印象，你很难在高级物品上找到它的身影，基本都是出现在塑料制品上、快捷场所里，比如快餐。所以它本身并不是一块高级色。而且大部分亚洲人穿纯正的橙色其实都不好看。

橙色最佳搭配：

橙色加黑色，只推荐这个组合，而且尽量让黑色作为打底贴近你的脸。

（5）绿色加基础色

绿色是二次间色，由蓝色和黄色合成而来。所以具有蓝色的稳定和黄色的青春感。嫩绿色给人一种充满生机、希望的印象，正绿色给人一种休闲、自然放松的印象，而墨绿色有一种稳定的印象。现在在每季的时装发布上都能看见墨绿色的身影，但从色彩历史来看，它并不拥有高贵典雅的事迹。在节日盛装中几乎没有人会选择绿色裙子，这不仅因为绿色裙子看起来会非常普通，制作成本低廉，还因为在盛大舞会上，在使用烛光的年代，绿色会在烛光下面显得丑陋而且泛着褐色。而在巴洛克时代，伴着粉色出现的绿色，往往给人一种矫揉造作的印象。

绿色最佳搭配：

绿色加黑色，翡翠绿、正绿色等纯度高的色彩与黑色搭配会有稳重古典的印象；

绿色加白色，浅淡明亮的绿色与白色搭配会有年轻的印象；

绿色加蓝色，橄榄绿、深绿色等暗沉的色彩都可以与暗蓝色及牛仔蓝搭配，会有休闲的印象；

极少数人能把大面积的绿色穿得非常好看，所以在选择色彩时推荐作为点缀色使用。

（6）紫色加基础色

紫色自身具有一种极高的神秘性。这种心理感受源于这种颜色在自然界中，很难随处可见，无论是植物还是动物。它基本无法让我们产生色彩联想。比如说起红色，你马上就能想到火或者血液，最起码也能想到可口可乐。但紫色却无法让你立刻想起与之关联的事物。

紫色最早源于一种海螺，现在也称为刺螺。而最早会提取这种染料工艺的，据说是古代的腓尼基人。大约一万只紫螺身上所采集的黏液，经过加工所获得的染料只够染一条手帕。

这种无节制权力的味道，让紫色染成的普紫色成为古代欧洲皇帝和教皇的专属色。而如果和金色搭配在一起，那简直就等同于腐败的享受。

而低纯度加灰的紫色，诸如香芋紫这类的色彩，却具有一种其他色彩无法替代的温柔和优雅感。与相同纯度的诸如这些年流行的雾霾蓝搭配，会有非常雅致的印象。

紫色最佳搭配：

低纯度紫色加低纯度蓝色（如薰衣草和雾霾蓝），会给人温柔雅致的印象；

紫色加黑色，个性神秘感十足；

紫色加白色，轻盈年轻的印象；

紫色加绿色、紫色加金色，属于社交活动中用色；

其他色彩组合不推荐，因为高纯度的紫色都比较适合社交场合，在职场中不大容易穿出利落感。

（7）中性色之间的搭配

a）黑白灰

黑白灰之间可以利用彼此的明度差来进行明度上的配色使用，在使用时注意不要头重脚轻，保持好整体平衡感与和谐感就可以。

b）驼色系列

深浅不一的驼色系列，从柔和明亮的驼色到具有橙色印象的驼色以及深咖色，都可以和黑白灰进行调和搭配。但要注意有明度上的反差和呼应。比如选择驼色外套时，可以搭配白色裤子＋黑色内搭＋黑色的鞋，在整体色彩上制造一种层次感。

c）藏蓝色

藏蓝色对于暖色倾向的人不大友好，会让人显得沉重老气，使用时一定注意面积上的控制，尽量远离脸部。而藏蓝色对于冷色倾向人非常适合，可以搭配白色、黑色来平衡整体效果，会有一种上品的印象。

藏蓝色最佳搭配：

藏蓝色加黑色，给人一种严谨精致的印象。

第三个模块：单品搭配

极简主义之父约翰·帕森曾说："极简主义可以被定义为当一件作品的所有细节和连接都被减少或压缩到精华时，它就会散发出完美的特性。"这不仅仅是去掉非物质元素的结果，更是人初始内在本质的一种美学还原。而在单品选择上，这种极简意识是你可以精简衣橱、提升品质，并塑造个人风格的一个好途径。

基本单品可以分为两个部分：一部分是必备基本单品；一部分是可选基本单品。

必备基本单品的重要性在于它是你整个衣橱的核心框架，所有你想演绎的风格都是以这些基本单品为基础而延展开的。而可选基本单品与必备基本单品的区别是同类不同款。

举个例子，比如一件毫无任何装饰感的白色衬衫，我们可以通过搭配简单的配饰以及一条阔腿裤和厚底鞋就能轻松完成一套复古风格，如果再换一件西服和一条九分裤，再加些细节，你又秒变职业风。但如果你看上了一件极具设计细节的衬衫，当你想拿它与其他现有单品组成套装的时候，就需要用脑了。你需要从整体到细节去考虑，配什么样式的鞋、配什么样式的裤子或裙子、色彩是否合适？因为如果不这么做，其结果很可能是在考场中写了一半就交卷的场景。而这件对你来说当时很喜欢的衬衫，它的使用寿命，多半只有一次。人其实挺有意思的，特别喜欢的衣服，到手以后并不一定会反复再穿，多数人的穿衣习惯都是打开柜子，看了一圈，还是拿出昨天的那套……

而我们现在要做的是：保证你衣柜里的每一件单品都不多余，随时随地可以为你提供不同场合的着装支持，而在单品的选择上有点像选电影里的角色，必备单品是男一，可选单品是男二，你可以喜欢，但不一定是你要的结局。

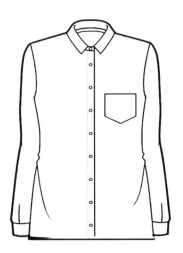

基本款

正常、合体、无其他设计元素的衬衫

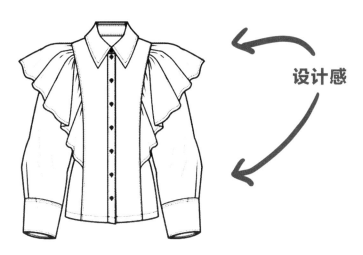

设计感

风格款

装饰性的飞边、肥大的袖子,有任何风格倾向的衬衫

（一）上装类

1. 衬衫

基本款衬衫：合体款、中长款、长款

领型：衬衫领为主，其他参考自身脖长

款式：无装饰或少装饰

质地：纯棉或真丝质地

颜色：白色、黑色、米色首选

图案：符合自身脸周围用色的细小图案

衬衫的基本款可以选择两种。一种是合体宽松度的、无装饰性的、正常领型的白衬衫，可以作为毛衣、西服、大衣、风衣等外套类的打底，也可以作为一种内搭套在毛衣里叠穿，露出袖子，配上饰品，是一种很"香奈儿"的穿法。

还有一种可以选择现在流行的宽松款无装饰的白衬衫，可以单穿或者配合外套，又或者加条腰带变成一种衬衫裙，配合打底裤或九分牛仔裤来穿。

2. 内搭

基本款内搭：吊带、针织衫、T恤、打底衫

领型：V领、圆领、半高领、高领（领型情况参考自身脖长）

款式：无装饰或少装饰

质地：纯棉、雪纺、真丝质地、羊绒、针织

颜色：白色、黑色、米色、低纯度高明度色彩为首选，可选色彩为符合脸周围用色的色彩。

图案：无图案

3. 外套

（1）西服

基本款西服：单品或套装，正常合体款式、臀中长度和及腰长度。也可根据自身需要修饰的地方来选择长短，长款最长不超过胯，短款最短不短于肚脐。

领型：以西服领为主，根据自身直曲和脖长，可选尖角领、青果领等领型。

款式：无装饰或少装饰

质地：羊毛、聚酯纤维、混纺等不宜出褶皱的面料

颜色：白色、黑色、灰色、中性色为首选，可选色彩为符合脸周围用色的色彩。藏蓝色和灰色选择需要慎重，你需要到专柜试过后再决定，因为有一些人对于这两种颜色驾驭得不是很好。而夏日里选择轻薄面料的浅驼色也是不错的选择。

图案：单色首选，图案可选择细小格子或条纹、犬牙纹等不被察觉的图案。

（2）风衣

基本款风衣：长度可以根据自身条件选择，膝上的长度是普遍流行的长度，如果你身高超过 165cm，可以选择过膝的长度。有一点需要注意，如果你肩比较宽，那就尽量选择不带肩章款的风衣。

领型：正常风衣领、翻领

款式：首选巴宝瑞经典款式

质地：纯棉、聚酯纤维、防水面料等风衣常用面料

颜色：驼色系、黑色、灰色、白色

图案：无图案

（3）大衣

基本款大衣：以羊绒、羊毛质地为首选。长度要过膝。可根据自身条件

选择直筒式或系带式。廓型推荐 H 型轮廓，不推荐近几年流行的茧型轮廓，因为过于休闲、肥大，很难搭配出优雅精致感，而且会显得臃肿。

（4）夹克衫、牛仔服

属于备选单品。看个人喜好。但颜色要选择中性色，牛仔上衣要选择正常水洗色。长度最好及腰。

4. 针织衫

基本款针织衫：合体款、及腰长度、长款

领型：V 领（领型情况参考自身脖长及肩宽）

款式：无装饰或少装饰

质地：羊绒、针织、纯棉

颜色：白色、黑色、米色、低纯度高明度色彩为首选，可选色彩为符合脸周围用色的色彩。

图案：无图案

5. 连衣裙

基本款连衣裙：膝上长度、及膝长度、过膝长度（具体参考下半身比例）

领型：V 领、立领、U 字领、西服领（领型情况参考自身脖长及肩宽）

款式：根据自身身材特征，按直曲特点和需要弥补的地方来选择。

质地：纯棉、雪纺、真丝质地、羊绒、针织、聚酯纤维

颜色：单色、黑色、低纯度高明度为首选，可选色彩为符合脸周围用色的色彩。单色的色彩选择，应该是除了中性色以外的适合你且可大面积使用的色彩。

图案：选择适合自己整体比例氛围的图案或细小工整的图案。可选择单色或图案款，而图案款要选择图案细小、排列均匀、且底色干净的款式。

（二）下装类

1. 九分裤

露出脚踝长度的直筒、烟管裤、阔腿或微喇裤，这三种基本适合大多数人。色彩选择以深色为主，黑色为首选。浅色系里可以选择浅驼色、浅灰色以及白色。如果选择彩色，尽量成套穿着。

2. 牛仔裤

高腰为主，可选直筒、微喇裤。不推荐牛仔阔腿裤，因为材质比较厚重，容易显胖。色彩以水洗原色为主。

3. 半裙

三种长度。一种是膝上，一种是及膝，一种是至小腿最细处。这三种长度涉及身材弥补的问题，可根据自身需要来进行选择。款式推荐高腰直筒型，过于包身的裙型不利于工作和行动，不推荐。颜色首选中性色，黑色、灰色、咖色，如果选择有彩色，那上装尽量选择无彩色与之搭配。

关于裙子的长度，我再说几句，膝上很好理解，而及膝这个标准，说的是你站直时，膝盖最细的地方，一般是在膝盖骨靠下的凹陷处。

（三）鞋与包

1. 鞋

各种场合中鞋类款式的选择，除了社交场合、休闲场合，应该首选包裹样式的鞋品。因为在职场中裸露脚趾或穿着过于暴露脚部的款式，都不是一种得体的行为。

（1）中跟鞋

可选择中跟类尖头、尖圆头鞋。

这是非常国际化的职场款式。一般跟高选择 3 ～ 6 厘米。在职场中它是最规范、也是最百搭的鞋型。颜色可以在黑、灰、咖色系及浅驼色和白色中选择。这类鞋型可以说是永不过时，十分百搭。

（2）平底类或坡跟

可选择乐福款，皮质硬挺的款式。

这是为因自身原因穿不了高跟鞋的人士所推荐的。此款鞋风格过于中性化，日常职场穿着没有问题，但对于一些商务社交场合就不是很适合。颜色可以在黑、白、咖色系、驼色系中选择。

（3）高跟鞋

超过 6 厘米以上的都属于高跟鞋。

尖头粗跟，很有复古风情，可以搭配西服裙、西服套装穿着，或搭配复古单品。

尖头且鞋跟纤细的款式，是专为社交场合所设计。

可以根据当日礼服款式选择包头、系带款或鱼嘴款。但请记住，这类鞋型并不是为了走路而设计的，因此品质做工上乘的这类高跟鞋鞋底都比较脆弱，表面容易刮花，所以最好在出席活动的时候再穿。

（4）靴类

推荐切尔西靴、过膝靴。

对于在北方生活的人，低帮短靴也是非常实用的鞋类单品。而切尔西样式的短靴真的是太实用且百搭了，在颜色上黑色、深咖色都是非常不错的选择。

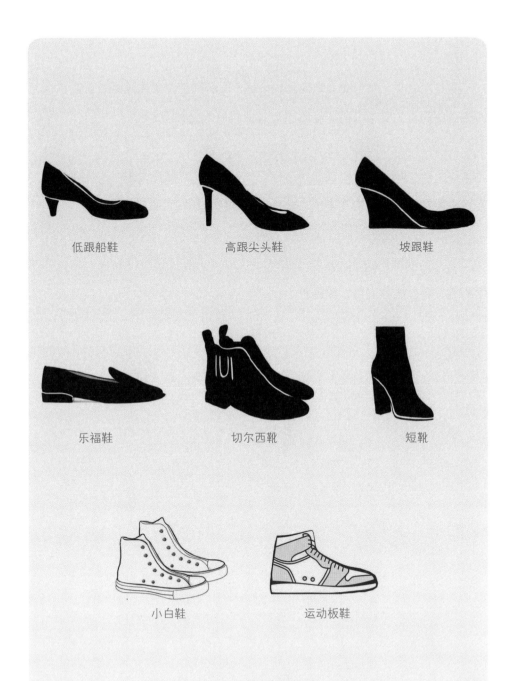

低跟船鞋　　　　高跟尖头鞋　　　　坡跟鞋

乐福鞋　　　　切尔西靴　　　　短靴

小白鞋　　　　运动板鞋

可以满足你日常中任何场景的八双鞋

2. 包

包这个物件，对于女人来说其实没够。但前提是你要先满足日常需求后，再说剁手的事。在本书的职场氛围里我推荐以下五种类型：

（1）上班综合型款式

以方正实用为主，不能小于 A4 尺寸。色彩黑、咖色为主。皮质要挺括，尽量少装饰性。颜色推荐黑色、驼色、深咖色，中性色百搭色彩。

（2）商务社交型款式

兼具公私两用功能，推荐单肩式，可以放平时日用小件物品、化妆品、手机等，颜色推荐黑色、深咖色。

纯商务款

上班综合款

商务休闲款

商务社交款

社交晚宴款

（3）纯商务型款式

适合经常外出公干的人群，可以放下便携电脑、大量 A4 文件等。属于纯实用型，质感要挺括，装饰性简单。

（4）商务休闲或日常通勤型款式

斜挎为主，夹层多、安全结实，要有品质感。色彩以基础色为主。

（5）社交场合型款式

小型、精巧，具有华丽感。适合出席社交晚会、年会、音乐会等场合使用，应常备一只，以备不时之需。色彩可以根据自己的礼服来参考购买。

（四）配饰

1. 丝巾

首先你应该有一些雅致漂亮的丝巾，因为这个单品往往会带给你一些出其不意的效果。可以选择与你脸部氛围适配的色彩、花色或图案，并且不同长短大小的都可以有，因为用处各不相同，用法见图。

2. 胸针

胸针可以搭配丝巾使用，或者单独使用。当你选择了一条单色无图案的连衣裙时，可在胸部外侧或领口外侧安置一枚精致的胸针，立马会让整体穿搭变得更具协调性，人也会更精致，并且有吸引视线的作用。如胳膊比较粗的人穿西服时，可以在胸部一侧别一个好看精致的亮色胸针，这样的话，别人的视线就不会关注到你胳膊的粗细啦。

3. 帽子

帽子是给你变换风格画龙点睛的好搭档。简单的一身装束，配合一顶做工精良的帽子，会立马变换出不同的风格。

推荐款：宽边礼帽、贝雷帽。颜色以黑色、温暖的驼色系为主。

4. 围巾

围巾是冬日里必不可少的单品之一。从可以穿风衣开始直到换上相对厚重的大衣或棉服，围巾都是可以一直用来搭配的单品。质地上推荐棉质与羊绒质地的薄款和厚款，形状推荐长方型，这两种在秋冬季节都是非常实用的，颜色上可以根据自身外套颜色来进行调和选择，如果外套深色居多，可以选择适合自己的一些高纯度色彩来搭配；如果外套浅轻的色彩多，可以选择淡色系的一些色彩来进行搭配。

5. 首饰品

项链、耳环、戒指类饰品不仅可以在整体服饰中增加细节，彰显品质。还可以用来弥补脸形、脖子、手部以及胸部的不足。比如在颈部用醒目的饰品可以掩饰颈部的衰老现象，同时可以强化身高；长款项链不仅可以在胸前制造拉长的线条弥补脖子短小的不足，更可以修饰不丰满的胸部。而夸大的戒指可以淡化手部衰老的印象。

所以配饰的选择可以根据自身需要弥补或优化的地方来进行选择。选择时有一点需要注意：金色和银色会受佩戴者的冷暖倾向所影响，所以在购买时还是需要试戴来看效果，尽量选择能让皮肤看起来更明亮通透的那一款。

6. 表

在众多表类款式中，我推荐两款：一款是金属银色系表带款式，另一款是皮革类表带款式。这两种非常百搭，适用于多种服装风格。金属银色更具时尚感，自动上弦类的可以省去换电池的麻烦，所以一直是我非常钟爱的选择。而皮革类表带的款式，更有优雅复古感，无论是配西服或连衣裙都是不错的选择。

第四个模块：衣橱整理

历史博物馆里陈列的物品，让我们见证了过去的那些沧海桑田。而女人的衣橱也是一个博物馆，只不过这个博物馆里记录的是每一个女人所经历的年代、身材、生活状态及角色变化。

可以说一个女性大部分生活的品性、爱好以及生活的真实记录都可以从她的衣橱里映现出来。因为那些使用频率最高的服饰就是你当下社会角色的一个体现。不要小看衣橱的力量哦，当你能游刃有余地从衣橱中随手可得一套得体又美好的服饰的时候，我想，你当下的生活，未必最好，但一定舒心。

（一）按照生活场景，科学合理地配置衣橱比例

如同做出美食需要精致的材料。想有一个精致得体的形象，高品质且百搭的衣物必不可少。所以，一个符合你身材气质和搭配需要的衣柜就变得非常重要。因为美可以感性看待，但离不开理性的管理。本书既然以职场为应用场景，那我们就需要按照一个职场中人的生活形态来科学地配置你的衣橱。对于一个全职工作者，除非你的所属行业是非常正规严谨的场合，诸如银行或者是统一着装的一些行业，除此之外，一般行业的职场里，你的衣橱配置模式应该是"75+20+5"。

什么意思呢？这代表着最适应你生活形态的衣橱比例，也是你以后购物的一个准则。75%的单品是应对职场场合的单品，20%是应对社交及宴会场合的单品，而剩下的5%是你生活中所需休闲单品的比例。

而简单地解释整理衣橱这件事，你其实可以把它想象成做饭。以月30天除去双休，你需要做22天的饭。因此，你必须掌握全部的应用物品，合理地优化食材，并有序地整理出色香味俱全的菜谱，所以你接下来将面临的挑战是：从"手残党"变成一名优秀的"厨子"！

虽然在整理之前你也在做这些饭，但整理之后，希望你从此的每月22天，

顿顿都令人回味无穷，而不是餐餐方便面或者地沟油炒菜的外卖，即使防腐剂让你保持冻龄……

（二）整理衣橱的奥义：扔掉一半，搞清规律，穿在当下

有些人可能很不忍心，但我敢十分肯定地说，第一次整理衣橱的人，如果还能剩下一半，那说明你个人审美还可以了。大部分人在第一次整理衣橱的时候，基本上除了裤衩背心就不剩别的了。当然，咱不能那么狠，总得给你留条裤子。

任何一个衣橱，都存在着以下四种情况：

（1）色彩、款式都不适合你

（2）不适合你的色彩但适合你的款式

（3）不适合你的款式但适合你的色彩

（4）色彩、款式都非常适合你

无论怎样的购买习惯和着装方式，在任何一个女性的衣橱里，所有单品所呈现的无非是上面这四种状态。

在重建衣橱的初期，我们需要留下后三项。而第一项是你立即需要处理掉的，因为存在得毫无意义，除了占地儿。

你要记住哦，穿衣服这件事，永远为当下而穿！

如果，你的衣柜已经溢出成灾，但你还觉得没衣服穿，也无法搭配出好看合体的一身。有两个原因：第一，您那是心理疾病，得治啊，剁手不能停那的种。第二，说明你衣柜里衣物的状态基本都是123，等你把衣柜里所有单品的状态都慢慢变成4，你这个烦恼就彻底解除了。

而当你衣柜里的所有单品都满足4的条件时，恭喜你，从此你将：好看得要死，有品位得要死，干练又有风格得要死……你听懂了没有？

当衣橱里每件单品的色彩和款式都完全适合你，还代表着：你将可以快速随意地组合出一身得体优雅的装扮。根本不需要每天早上再去浪费时间来纠结要穿什么搭什么。快速，是快速啊，有多少早上差十分钟的惨案，你懂得……

当然，也不是说你从此往后在穿搭上完全不用再花费精力，而是你在定期整理衣橱与购物的同时，就已经完成了搭配的任务。穿衣搭配这件事对你来说将会变得超级省钱、省时又省力。从此在搭配这件事上，你不会再变得跟以前一样纠结和迷茫。你会很清楚你自己适合什么，你的衣橱里缺少什么，你不必再多花费金钱去买你穿不上也不实用的衣物，你可以节省下更多的时间和金钱去做更多美好的事。

接下来我们就具体地实践一下，试试整理和区分对你来说的适合与不适合。这个过程第一次进行的时候，你需要先筛选两遍，而随着你的经验值增加，衣橱管理的日趋成熟，这个整理行为会变得越来越轻松和简单。

1. 找出那些你根本不会再穿的衣服

（1）本季度一次没穿的、半年没穿的、一年没穿的

针对上班族来说，正常按 22 天来算，抛开非应季衣物，如果还有这么久没上身的衣服，说明再穿它们的概率几乎没有。而且穿衣服，请穿在当下。除非是价值不菲的经典款，否则基本没有任何留着的必要。过去的你已经过去，未来的你还没到，您能先把这周穿什么安排好吗？

（2）码数不合适的

有一天《人民日报》在微博上，做了一个全民健身为啥没坚持的大数据调查，结果显示，位居第一的投票选项是自律。我可没说你啊，我说的是我自己。这都是秃子脑袋上的虱子，明摆着的事。减肥、增肥为什么没成功？跟衣服基本没啥关系，该捐的捐，该送的送，别控制。

（3）质感不好的

像已经起球、抽丝的衣物请淘汰掉。如果因为个人护理不当、穿着不在意而损坏的衣服，请不要再购买，因为再买你还是会弄坏。而服装的质感好坏会直接影响个人形象的品质度，很多便宜的衣服不是说不好，而是看你买什么。

如果是夏天里随便穿穿的 T 恤，可随心情适度购买。因为即使再贵，也不可能为你去参加正式晚宴而服务。但如果你需要经常参加重要会议及商务社交，一件质量上乘、裁剪合体的连衣裙就非常重要。不用指望几十块钱一条的裙子能穿出几千块的范儿，一分钱一分货，这都是科学，不是伪科学。因为裁剪面料与工艺细节决定胜负，一线的奢侈品以及手工定制之所以贵，是因为品质和工艺在那里摆着。当然，也不是非得让你买奢侈品，而是在选择的时候要看品质。一条质量上乘的裙子，在面料选择、针码包边、对缝、拉链等细节上都是一眼可见的。如果是带有图案的，对接处的图案一定是对

齐的。所以，与其多买，不如少而精。

（4）打理特别费劲的

时间就是金钱。如果一件衣服每次穿着时都要费很多时间去熨烫、去打理，我得先冷静地回忆一下这件衣服多钱买的。如果兼具很鸡肋的特性，还是处理的好。花大把票子买衣服，穿着还不痛快，这是什么道理，对吧。

2. 找出你的适合与不适合

第一遍筛选之后，在进行第二遍筛选之前，我们先说说哪些是你的适合和不适合，这里我把上装和下装独立分开讲解。

（1）上装的筛选方法

首先选出色彩和款式都特别适合你的。这个标准有几点，先说上装。

a）颜色的判断：

适合你的色彩，让你桃花满面，不适合你的色彩，让你人老珠黄！

适合你的色彩：会让你的脸部在即使无妆的状态下，也变得气色很好，看起来很舒服，并且脸部和上衣的颜色感觉垂直并列在同一平面上。

不适合你的色彩：如果视觉上头部下沉，或是颜色特别突出，扎眼，让你看起来很俗气，甚至是萎靡不振，那这种颜色就不适合你。

简单讲就是，适合你的色彩会在你脸上叠加更适合你的颜色，反之则相反，你可以理解为适合的色彩对你来说等于加了一个美颜滤镜。

人体色其实是很复杂的，并没有绝对冷暖，只能说是一种色彩倾向。服饰色彩与人体之间的关系，其实涉及的是光的吸收和反射特性。而就像上面章节所讲过的一样，不经过精准的人体色彩测试，其实很难判断你个人的色彩属性。我们形象行业里的色彩诊断，是非常科学和严谨的，通过不同色布和测试方法，与瞳孔、毛发的色彩识别相结合，最后才会诊断出个人所属的色彩倾向和范围。

而网上的那些各种自主测试色彩冷暖的方法，什么白纸看血管等，其实很片面，不能作为判断人体色的基本依据。但我上面所说的这个鉴别方法，可以给你一个不出大错的路径，因为我们穿衣服就是为了好看嘛，能让你和周围人都觉得舒服和喜欢的样子，总不会错。

b）款式的判断：

上装有几个可以瞬间提升个人气质和美感的地方——领型、腰线、材质。

现在很多人都网购，但不管你是花几十还是几百、几千总是有失手的时候。为什么呢？一是因为图片P得太好看，二是你没弄清每件单品的属性和风格。

一件衣服是由不同部位组合成的，而每一处组合的细节特征其实都代表着设计师当时的设计意图和这件衣服的风格定位。而你需要做的，就是搞清这件衣服的风格属性，找出和你匹配的地方。这有点像输血，A 型给 A 型输血，关键时候能救命，但 A 型给 B 型输血那是准备拿 B 型做血豆腐。

c）领型

适合你的领型款式：领型与脸形可以搭配完美的，起到修饰美化脸部的，都是适合你的。比如你脖子短，那 V 领必须是首选。如果你脸形圆润，选择西服可以尝试青果领、小圆领等具有弧形特征的翻领。各部位具体弥补方法，我们在第一模块已经讲解过，忘了的同学，可以翻回去看看。

不适合你的领型款式：不能帮你优化弥补身材。比如脖子短，高领和一字领就非常不适合了，因为会强化你的不足之处。

从服装史来看，时装上出现领子是因为有了军装。包括现在很多服装的细节元素其实都是借鉴军装细节而演化过来的。从衬衫到西服，领子是非常重要的一个亮点，而领型除了修饰脸形，还是整体服装的基调。如果一件上装非常适合你，除了色彩、款式，还有最重要的一个细节就是因为领型。因为它是离脸部最近的一处细节，是最能修饰你面部的地方。这就好像，你打腮红，除了能红润肤色，最重要的是可以提供光影和修饰轮廓。

这里有一点建议是：如果你觉得某件上装单品，质感、颜色都很好，只是领子比较高，那可以尝试在高领外面搭配一条可以协调脸形和脖子长度的项链或丝巾。

但为了让你的衣橱里每件单品都能完美地适合你，尽量留下百分百适合的。如果很难取舍，至少保证不适合的款式以后绝不剁手，补充进适合的单品，循序渐进地把之前那些不是非常适合的单品，都淘汰掉。

d）腰线

腰是女人的财富。因为腰部的粗细代表着一个女性年龄的分水岭。

体现腰线是非常美好的一件事，如果你腰围曲线明显、腰短，那一定要尝试任何收腰、有腰线的上装。如果上装过长，请加一条不超过 3 厘米左右的腰带，一定不要暴殄天物，总穿直筒 H 型的，真的好浪费啊。

如果你跟我一样是 H 型身材，腰线弧度柔和，也没有关系，任何裁剪利落的直线型外套都会是你的好伴侣，西服可以选择带滚边样式的，枪驳头、平驳头的翻领样式，可以让你帅气又时尚。

对于那些头身数标准、但因为腰长而显得腿短的人，任何高腰款式的下装都是适合你的选择。而对于腰长、身材比例稍差、有些五五开的宝宝，别难过，多尝试长裙、连衣裙这些单品，它们会让你的身材比穿裤装看起来更棒。

e）材质

不同的服装材质，风格亦不同。真丝、雪纺、羊绒类体现的是一种柔美奢华感。而牛仔布、纯棉、华达呢、马海毛等体现的是一种粗狂硬朗感。真丝类衬衫，作为内搭能提升整体服装的精致度。材质上的选择还涉及到身材弥补，比如瘦小的人可以尽量选择柔软有光泽、具有膨胀感的面料，尽量回避过于挺括的、坚硬的面料。而肥胖的人恰好相反，可以选择一些质地挺括、且弱光泽的面料，但一定回避皮衣皮裤类单品，因为让你看上去会更显胖。

搭配其实跟炒菜差不多，厨子级别的分水岭在于同一种食物，普通厨子只是按部就班地做出来，而星级厨师会根据食物的属性和味道，做出不同色香味俱全的艺术品。材质的混搭与之相似。同样是利用不同单品的各自不同的材质肌理，搭配营造出韵律层次感，是很高级又时尚的方法，特别适用于不大喜欢色彩感的人群，比如只喜欢黑白灰，那大可以尝试这种方法。而著名的山本耀司先生就是利用那些褶皱、肌理、层次和裁剪，把黑色渲染在国际舞台上，成为一代大家。

f）图案

上装的选择里，尽量避免选择过大而抽象的图案。首先不是很好搭配，因为多半对于有图案的上衣，除了 T 恤、帽衫，搭配出错率基本在 90% 以上。而且过于大而抽象的图案会让你失去精致感。这里比较推荐的图案是千鸟格、犬牙纹、细条纹、细格纹等，不失优雅精致感的图案。最好不要选大格子类的图案，因为过于休闲，多数人穿起来不好看，也很难将它搭配得有调性。

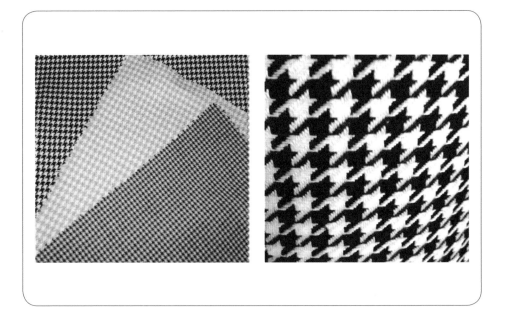

（2）下装的筛选方法

经过以上筛选，现在你手里剩下的应该是基本上都比较适合你的上装单品了。接下来我们看看下装。

从衣橱结构上讲，你的上装应该永远多于你的下装，如果是反的，说明你还没找到搭配的思路。

下装的筛选有几个条件：合体的长短、合体的尺寸、中性百搭色。

一条满足上述要求的裤子或裙子，至少能搭配出三到四种不同组合和风格，如果不能，绝不再买第二条。

a）合体的长短与尺寸

这里我必须要强烈告诉你，这世上除了国际名模，几乎极少有人适合锥腿裤、小脚裤的腿型。尤其大腿不瘦小腿又不长的。这种裤型根本就是坑爹来的，不管你怎么穿，那种贴身包腿的玩意儿，都只会让你看起来很廉价，尤其你再配个恨天高，分分钟钟给你挂小红灯信不信……

选裤子的第一要点是合体，合体，合体，懂吗？这必须得说三遍，因为每次在课堂上说完这个还是依然被问："老师，该选啥裤型？"

首先，你的腰围要有余量，伸手一到二指的宽松度。这样你弯腰的时候，不会被勒出尴尬的玩意儿，塞衬衫或内搭的时候也不用憋气。

然后看腿型，如果腿型好看长短比例协调，除了锥腿裤，大部分裤型都能尝试。如果像我一样有一双特别雄壮接地气的腿，合体的高腰直筒裤是最适合的。（高腰这点我在前面说过了，这里重申一下，高于肚脐的裤子才算是高腰裤。）如果不是特别粗，也可以尝试微喇裤，只稍微大于大腿部直径的，也会起到修饰的作用。另外，露出脚踝的九分长度，是为所有身材可以加分的特点。

这些年特别流行肥大的阔腿裤，但除非你很瘦、腿也很细。否则并不会让你看起来显高或腿长。如果是面料柔软颜色浅轻的还好，但如果是面料挺括且深色的阔腿裤再加上多肉身材，会让你看起来臃肿且比例不好。

还有一种就是烟管裤，注意，真正的烟管裤是膝盖往下的直径略小于大腿，且高腰最好，可不是那种又细又窄的。而且露出脚踝的长短是最合适的，这样无论你是穿高跟鞋还是平底鞋都会有拉长腿部的效果。

跟上装、内搭、外套来比，对于女性来说，下装其实是比较难买到合适的，尤其是对身材圆润的人来讲，如果你遇见了非常适合自己下半身的裤子或单裙，我建议，各种长短都来一条。

b）下装的色彩选择

下装的色彩尽量选择中性色（黑白灰、咖色系、藏蓝色）。如果喜欢格纹条纹，尽量选择看起来不那么明显的，裤子上的条纹越细、格子越小越百搭，且灰色深色为主。如果想要彩色的，也尽量选择明度偏低的，主要是好搭配。我们尽量把所有色彩放在上半身，这样利于引导视线，起到拉长身高和腿部的作用。而颜色鲜艳的裤子，选择的前提是：你得脖子以下全是腿。据说，只有圆规的后代，才有这种腿。或者，你的腿部真的是又细又长。

说到这，你的衣橱我们已经整理得差不多了，记住整理的那四个要点，你完美形象的终极，是衣橱里所有单品都独具那一点：适合你的色彩与适合你的款式。

P.S

网上有很多公益的衣物回收渠道，他们会把回收的旧衣物处理后再进行捐赠或者再生，希望大家都能为环保事业尽一份力。

第五个模块：搭配模板

（一）日常职场

　　日常职场的场景多为在室内办公、会议等。以基本款单品为主，力求示人以简洁、干练、有品位的印象。搭配色彩以中性色为主，可用色相配色、明度配色、类似配色、对比配色的方法来进行搭配。作为大面积的基调色一定要是最适合你的色彩，辅助色、点缀色可看个人喜好而选择。

日常职场

西服＋内搭＋裤子

日常职场

衬衫+长裙

日常职场

西服 + 衬衫 + 裤子

日常职场

衬衫 + 短裙

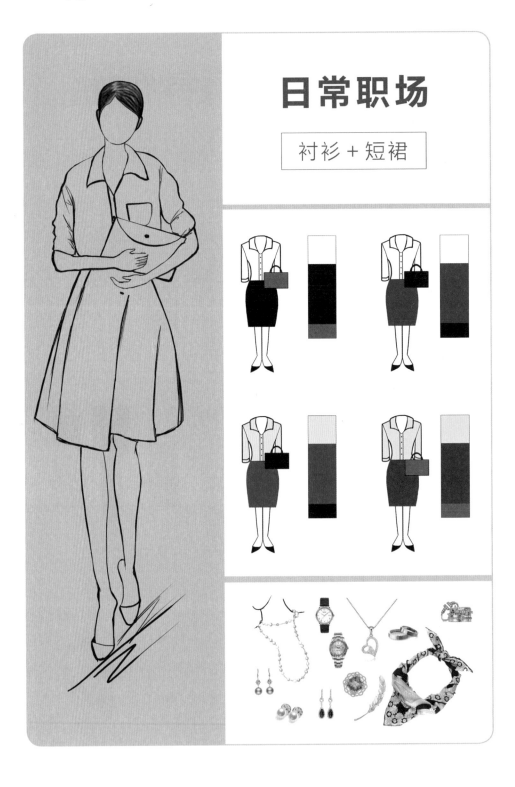

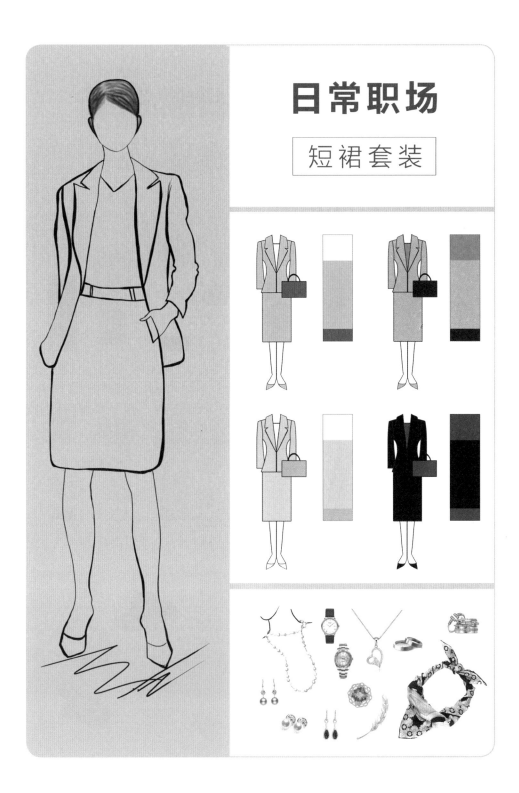

日常职场

短裙套装

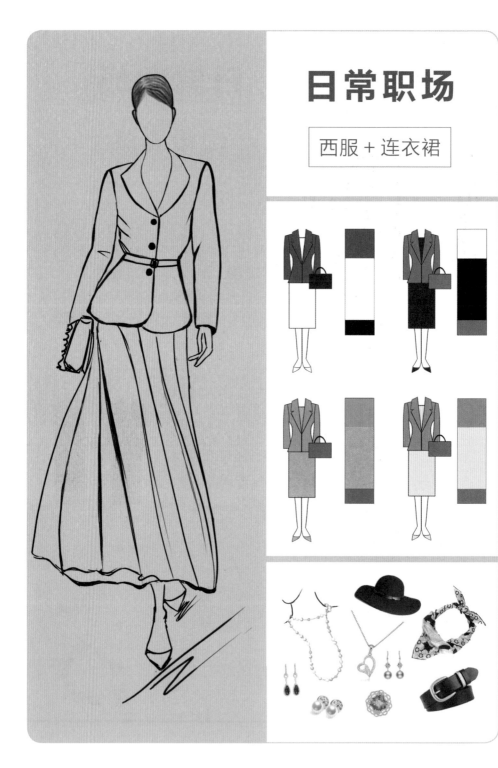

日常职场

西服＋连衣裙

日常职场

针织衫 + 内搭 + 半裙

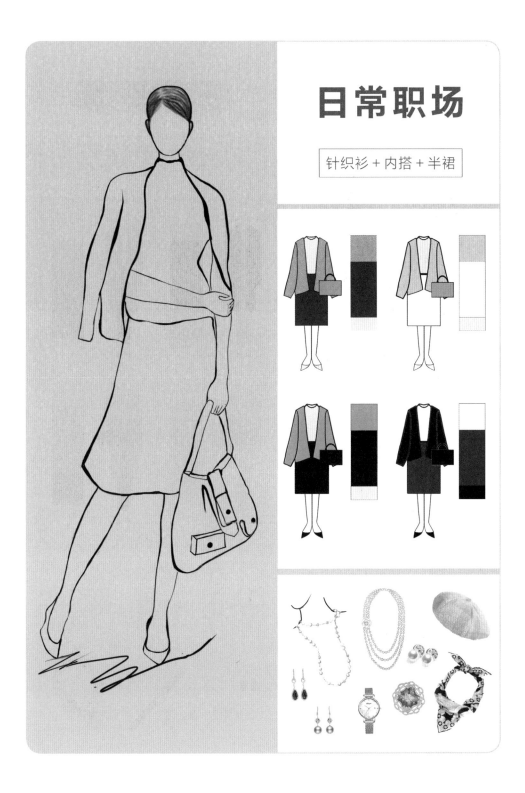

日常职场

大衣 + 内搭 + 长裤

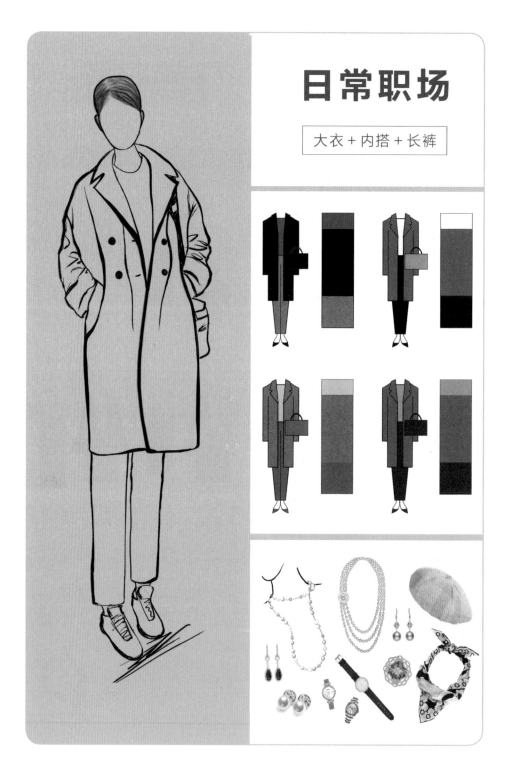

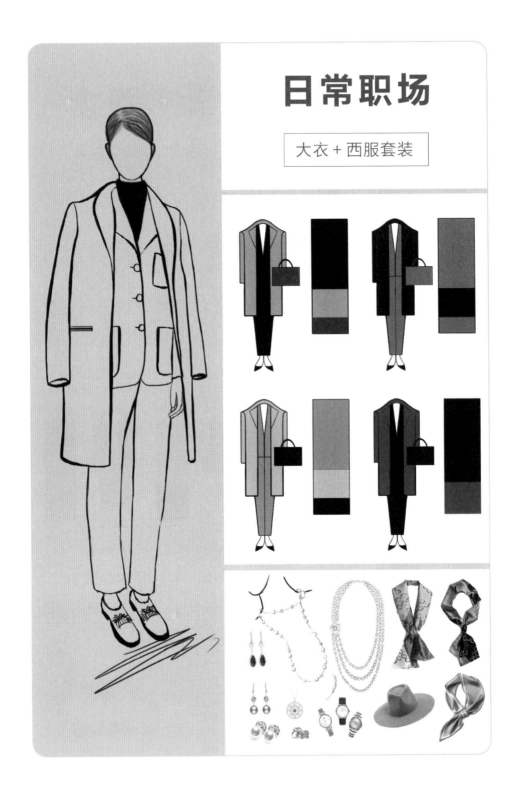

日常职场

大衣＋西服套装

日常职场

针织衫 + 衬衫 + 半裙

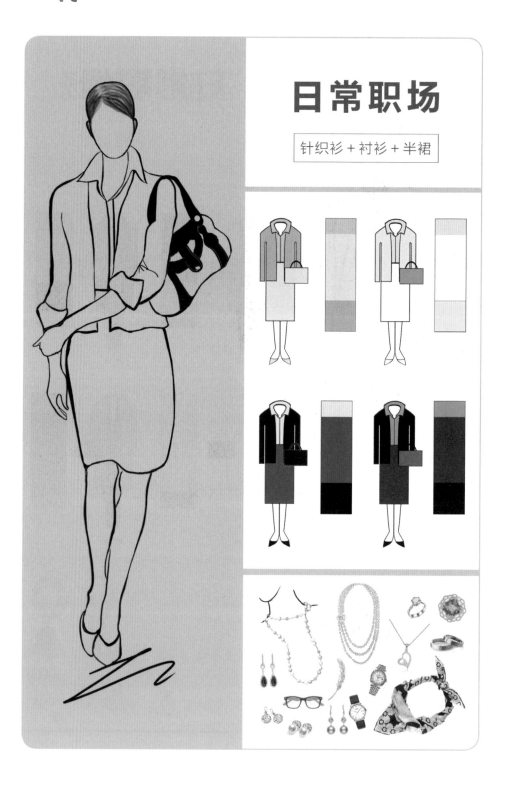

日常职场

风衣＋内搭＋半裙

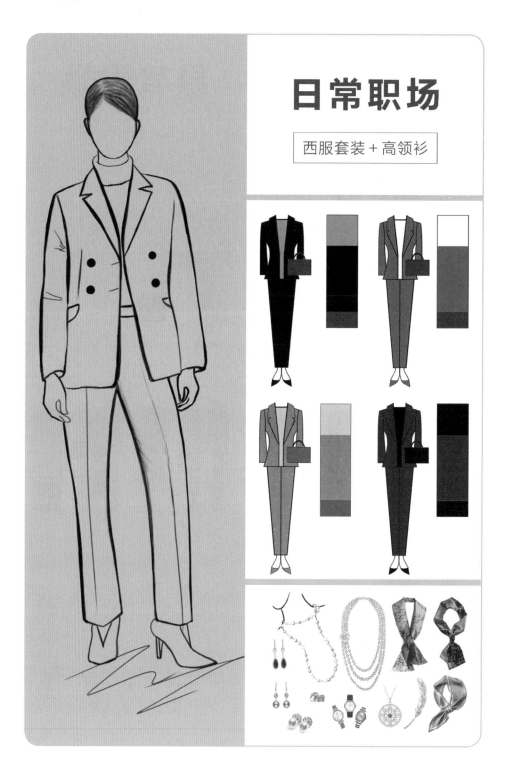

日常职场

西服套装＋高领衫

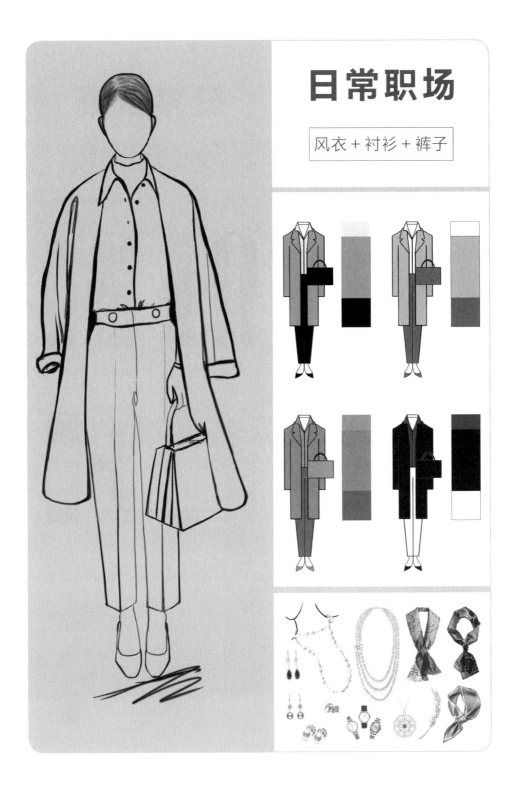

日常职场

风衣 + 衬衫 + 裤子

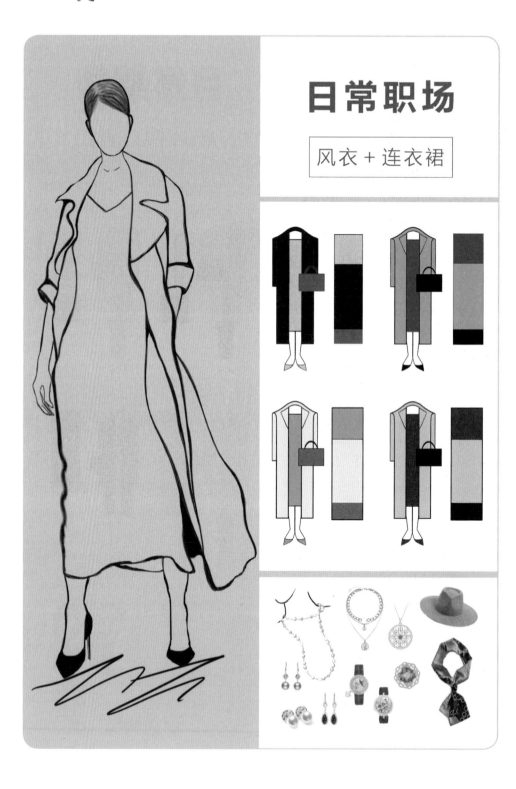

日常职场

风衣＋连衣裙

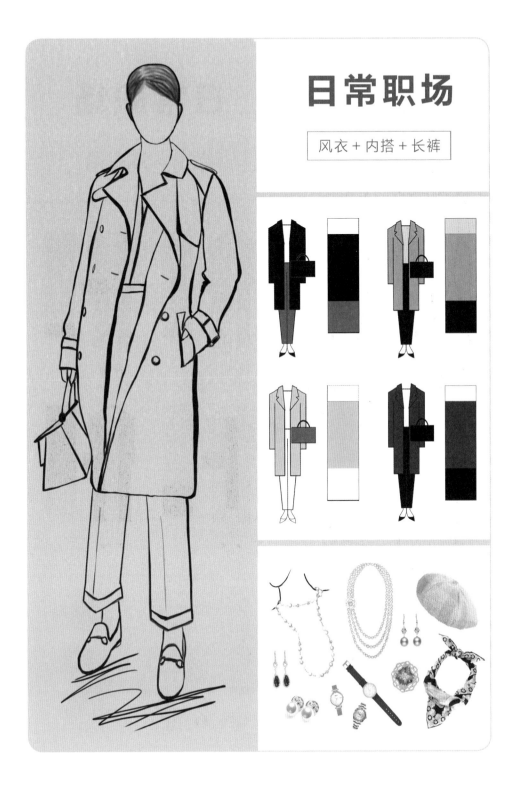

日常职场

风衣 + 内搭 + 长裤

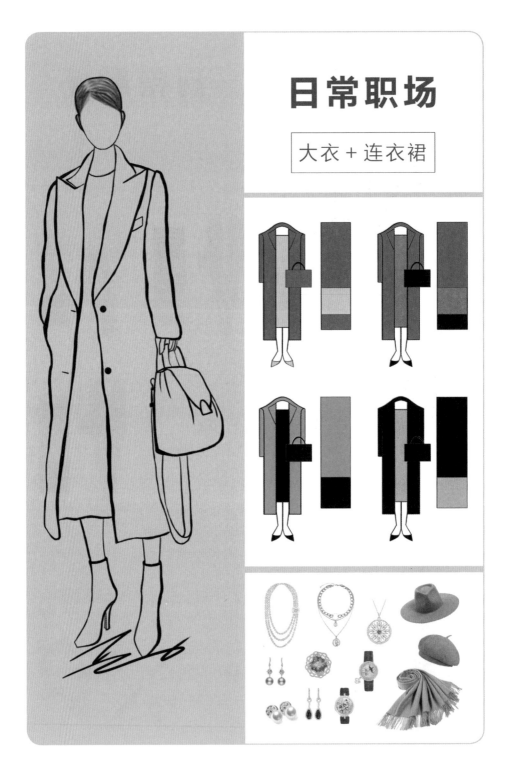

日常职场

大衣 + 连衣裙

日常职场

短款外套 + 内搭 + 长裤

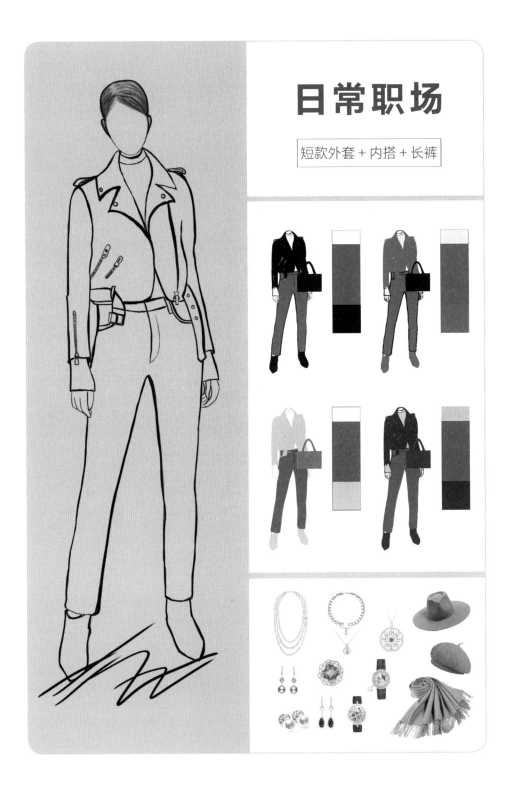

（二）商务社交

商务社交的场景多为谈判、洽谈及小型商务酒会。款式以做工上乘的西服套装、裙装、连衣裙为主，可选择较华丽的配饰来进行搭配。色彩可选择适合自己的高纯度色彩，整体面貌要精致、得体，不能有休闲的元素出现。

商务社交

短外套 + 连衣裙(短款)

商务社交

短外套 + 连衣裙(长款)

商务社交

连衣裙

（三）大型晚宴

大型晚宴的场景多为年会、庆典等隆重场合。晚宴礼服的款式必须是连衣裙，且长度的规格要求是盖住脚面。款式方面我推荐两款，一款是适合偏胖人群，可选择 V 领带袖的 A 字形长裙，一款是适合正常体型的无袖 V 领长裙。配饰需要华丽强光泽，手拿包要精致，且只应该放口红、粉饼及名片。色彩及材质方面可选择有珠光质感、带亮片金线等可在室内暖光源下看起来令你醒目别致、气色红润的色彩。

V 领带袖 A 字长裙

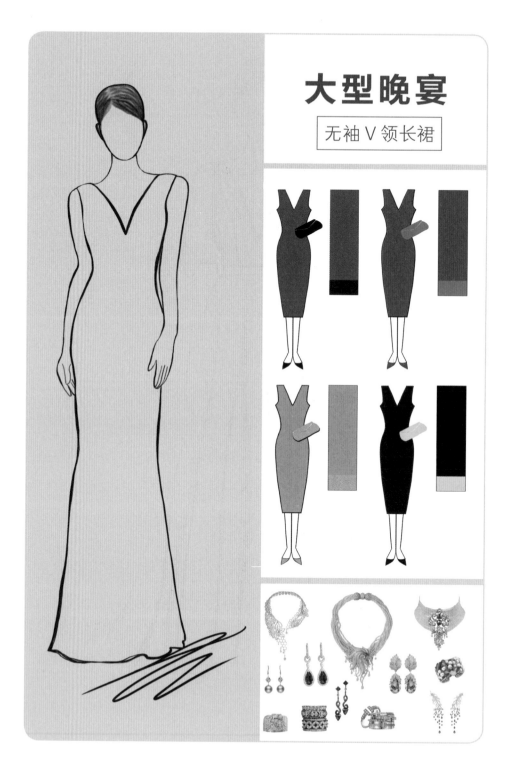

大型晚宴

无袖 V 领长裙

大人的时尚笔记

（一）大人的笔记

·请记住，你就是你，别人穿起来好看的衣服不一定适合你，而适合你的衣服会在任何一个潮流之下都能让你得体优雅。

·永远不要让衣物变成你的负债而非资产。

·永远穿在当下，且只买你目前最需要的。

·保持衣柜的留白，尽量让你的衣橱保持少而精。

·永远不要让你的衣柜变成废品回收站，不要买那些看起来便宜且只能穿一次用一次的衣物。

·任何让你动心的衣物，如果打理费劲费时，请不要买。因为穿过几次之后，你一定会压箱底。

·一件单品如果不能百搭或者让你看起来非常棒，不要买。

·大格子类的图案多数人穿都不好看。

·复古风格并不适合大多数人。

（二）衣物的保养

·大多数的衣服都是被我们洗坏的，而不是穿坏的。所以洗涤前请仔细注意水洗标的内容。

·每件衣服都应该留有空间，尽量不要拥挤到一起。因为会出褶皱也会影响你拿取和挑选。当季所需的衣物请尽量放在一眼就能看到拿到的地方。

·请选择质地优良的衣架，外套类用厚重有肩部支撑的衣架。真丝、丝绸类选择带海绵的衣架。

·可以在衣架内叠张纸，这样可以避免出现褶皱。

·不适合吊挂且易出现褶皱的衣服，可用卫生纸剩下的卷筒放在折叠处，以避免褶皱。

- 针织类衣服垂挂时会破坏弹性纤维，所以尽量平铺收纳。
- 衬衫、毛呢、西装裤、裙装等请选用专门衣架。
- 百褶裙不要高温熨烫，会把褶皱弄没。
- 衬衫的领衬材料，多为麻布或树脂麻布，为保证挺括，不要用力搓洗，更不要机洗。

（三）本书核心花絮

- 廓型风格决定调性，款式细节决定个性，色彩决定气质。
- 认识你自己，从身体开始。
- 身材弥补是一件先整体再局部的事。
- 选择色彩配色的时候，首先选择和中性色搭配和谐的组合，然后才是个性色。
- 服饰搭配中的色彩调和，解决的是你与服饰之间色彩上的矛盾，从中找到平衡点，是色彩调和的基本作用。
- 单品不在多，而在精。
- 选择购买单品的前提：中性色、基础款、百搭。
- 重建衣橱等于重建穿搭风格，并建立了自己的穿衣体系。
- 形象需要感性看，理性管。

写到这里，就要跟大家说再见了。希望本书的内容能在现实生活中帮到有穿搭需求的你。同时也欢迎关注我的微信公众号——玉兰花语工作室、微博——雅菲形象玉兰花语，私信或留言写下你关于个人形象的困惑，希望我的这一点点能力可以帮助到你。

　　我还要在这里感谢一直支持我、关爱我的家人，是她们给了我坚持写完此书的动力。对于一个拖延症晚期的患者，从大纲到完成撰写及手绘图片历时3年，说实话，真的愧对一直等待此书出炉的朋友和学生们。希望下一本职场男士版能按预期完成。

　　最后，我想对所有的女性说：辛苦了，要好好地爱自己。愿此书能为你们职场中的形象助力！愿你们将美好形象当成红缨铠甲，不畏人生的险阻，活成你想活成的样子，成为你自己的英雄，巾帼不让须眉，无论高低，你就是下一个花木兰！

张雅菲